Basiswissen Grundschule

Mathematik

Bibliografische Information der Deutschen Nationalbibliothek
Die Deutsche Nationalbibliothek verzeichnet diese Publikation in der Deutschen Nationalbibliografie; detaillierte bibliografische Daten sind im Internet über http://dnb.d-nb.de abrufbar.

Bibliographisches Institut GmbH
Mecklenburgische Straße 53, 14197 Berlin

Redaktionelle Leitung: Martin Bergmann, Constanze Schöder
Konzeption: Katja Schüler
Redaktion: Daniela Brunner, Hans Huschens
Herstellung: Ursula Fürst
Layout: Horst Bachmann, Weinheim
Umschlaggestaltung: Designbüro Acker, Brühl
Satz: KCS GmbH, Buchholz
Druck und Bindung: Těšínská tiskárna, Česky Těšín
Printed in Czech Republic

ISBN 978-3-411-72063-7
www.duden.de

Basiswissen Grundschule

Mathematik

Nachschlagen und Üben
Klasse 1 bis 4

3., aktualisierte Auflage
von Ute Müller-Wolfangel und Beate Schreiber

mit Illustrationen von Barbara Scholz, Sandra Reckers,
Gabie Hilgert, Carsten Märtin, Peter Nieländer

Dudenverlag
Berlin

Inhaltsverzeichnis

Einführung

Mengen und Zahlen

Inhaltsverzeichnis

Grundrechenarten

Inhaltsverzeichnis

Größen und Sachrechnen

Inhaltsverzeichnis

Geometrie

Anhang

Vorwort

Liebe Eltern,

dieses Buch bietet Ihnen und Ihren Kindern eine übersichtliche Darstellung des gesamten Basiswissens im Fach Mathematik der **vierjährigen Grundschule.** Es dient zum **Nachschlagen** und bietet zusätzlich **Strategien (Tipps)** an, mit denen Kinder selbstständig an vorgegebene Aufgabenstellungen herangehen können. Die Inhalte orientieren sich an den aktuellen Bildungsstandards für den Primarbereich (bis zur 4. Jahrgangsstufe), die von der Kultusministerkonferenz vereinbart wurden.

Basiswissen Grundschule Mathematik kann sowohl bei den Hausaufgaben als auch zur Vorbereitung von Lernkontrollen benutzt werden.

Sie erhalten einen übersichtlichen Einblick in den Lernstoff und zusätzlich **allgemeine Hinweise zur Verbesserung der Lernsituation** des Kindes.

Begleitend kann zu den thematischen Schwerpunkten **Übungsmaterial** ausgedruckt werden. Auf der beigefügten CD-ROM finden sich u. a. 100 Arbeitsblätter mit Lösungsblättern, mit denen der Lernstoff geübt, vertieft und wiederholt werden kann.

Basiswissen Grundschule Mathematik enthält vier Themenfelder aus dem Bereich Mathematik in der Grundschule:

1. Im Kapitel Mengen und Zahlen geht es um den Aufbau, die Festigung und die Systematisierung des Zahlverständnisses. Dabei wird die Verwendungs-

möglichkeit von Zahlen im täglichen Leben, die sprachliche Struktur der Zahlwortbildung und der Aufbau des dekadischen Systems (Zehnersystems) im Zahlenraum von 0 bis 1 000 000 verdeutlicht.

2. Ein wichtiger Schwerpunkt im Kapitel Grundrechenarten ist der Aufbau der Rechenfähigkeit, das Ausnutzen von Rechenvorteilen und das Anwenden von Rechenstrategien. Außerdem werden die verschiedenen Rechenverfahren und häufig verwendete Übungsformen ausführlich dargestellt.

3. Im Kapitel Größen und Sachrechnen wird zunächst der Umgang mit Größen behandelt. Außerdem wird erörtert, wie aus Texten Informationen entnommen und Aufgaben formuliert werden können. Anhand von unterschiedlichen Darstellungsformen (Tabelle, verschiedene Diagrammtypen) wird gezeigt, wie Informationen aufbereitet und wie sie umgekehrt ausgewertet werden können. Dabei wird auf Anwendungsmöglichkeiten und die Bedeutung von Größen im täglichen Leben verwiesen.

4. Die Inhalte im Kapitel Geometrie bilden die Grundlage für den Erwerb geometrischer Vorstellungen und den sicheren Umgang mit Zeichengeräten. Eine zentrale Rolle spielt dabei die Orientierung in der Ebene (zweidimensional) und im Raum (dreidimensional).

Zu den fachlichen Zielen in Mathematik gehört ein fachbezogener Gebrauch von Sprache, auf den in allen vier Kapiteln immer wieder hingewiesen wird.

Vorwort

Liebe Schülerin, lieber Schüler,

in diesem Nachschlagewerk findest du alle wichtigen Inhalte des Mathematikunterrichts in der Grundschule. Diese sind in vier Kapitel aufgeteilt. Du erkennst sie an den farbigen Balken:

Mengen und Zahlen | Grundrechenarten
Größen und Sachrechnen | Geometrie

Auf jeder Seite gibt es viele **Beispiele.** Sie sind blau gedruckt.

Gerade Zahlen: 0, 2, 4, 6, 8, 10, 12, 14, …

Die wichtigen **Tipps der klugen Eule** im gelben Kasten solltest du besonders beachten.

Zahlen helfen, die Umwelt zu beschreiben, zu erfassen und sich in ihr zu orientieren.

In den Kästen mit blauem Rahmen werden **Spiele** vorgeschlagen. Dazu musst du meistens einen oder mehrere Mitspieler suchen. Frag doch einmal deine Eltern oder Geschwister, ob sie etwas Zeit haben.

Spieltipp

Wer findet das kleinste Ergebnis?

Material: Ziffernkärtchen, Papier, Stift
Zunächst Ziffernkärtchen von 0 bis 9 schreiben. Mindestens drei Kärtchen auswählen und damit die höchste bzw. die niedrigste Zahl bilden. Die beiden Zahlen subtrahieren.

Am Ende der Kapitel folgen **Tippseiten.**
Die Eule zeigt, wie du geschickt vorgehen kannst, wenn du z. B. Vorgänger oder Nachfolger finden, zweigliedrige Platzhalteraufgaben rechnen oder einen geometrischen Körper bestimmen willst.

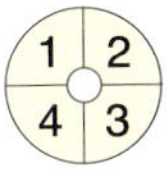

Dieses Zeichen weist darauf hin, dass es ein **Arbeitsblatt** zum Üben gibt. Es befindet sich auf der **CD-ROM.** Du kannst es ausdrucken, bearbeiten und dich mit einem Lösungsblatt selbst korrigieren.

1. Klasse

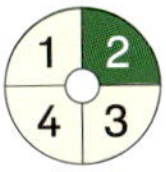

2. Klasse

3. Klasse

4. Klasse

Fachbegriffe kannst du auf den Seiten 183 bis 185 nachschlagen.

Wenn du etwas Bestimmtes suchst, kannst du im Register ab Seite 186 die entsprechenden Seitenangaben finden.

Auf den folgenden Seiten findest du viele Lerntipps, die dir helfen, besser zu lernen.

Lerntipps

Der Wochenplan

Eine regelmäßige Zeiteinteilung erleichtert das Lernen.

Deshalb ist es wichtig, dass du deine Woche und deine Tage gut planst. Dann hast du neben deiner Lernzeit auch noch viel freie Zeit für deine Hobbys. Ein Wochenplan hilft dir dabei. Trage zunächst deine festen Nachmittagstermine ein. Entscheide dich dann für die Zeiten, in denen du deine Hausaufgaben erledigen willst.

Woche vom 20. bis 26. Juni

Zeitraum	Montag	Dienstag	Mittwoch	Donnerstag	Freitag	Samstag
14.00		Chor		HA		
15.00	HA		HA		Schwimmen	Fahrradtour mit Mama
16.00		HA		Geburtstagsparty Max		
17.00	Klavier	Üben für Test	Zahnarzt		HA	
18.00			Fußball		HA	

(HA: Hausaufgaben und Klavier üben)

Die beste Lernzeit

Nicht jeder lernt zur gleichen Zeit gleich gut.

Deshalb ist es wichtig, dass du deine beste Lernzeit selbst herausfindest. Wann kannst du dich am besten konzentrieren? Am frühen Nachmittag oder erst nach einer längeren Pause? Trage in deinen Wochenplan deine eigene Lernzeit ein.

Der Arbeitsplatz

An einem guten Arbeitsplatz fällt das Lernen leichter.

Deshalb ist es wichtig, dass du dir einen geräumigen und gut beleuchteten Platz aussuchst, an dem du immer arbeitest. Lege dir nur das bereit, was du gerade brauchst.

Es ist auch wichtig, dass die Bücher, die du zum Nachschlagen benutzt, wie z. B. Fachbücher und Lexika, in der Nähe deines Arbeitsplatzes stehen. So findest du schnell die Information, die du suchst.

Der Lernstoff

Das Gehirn braucht Zeit zum Aufwärmen und Abwechslung.

Deshalb ist es wichtig, dass du mit dem beginnst, was dir leicht fällt.
Wechsle ab zwischen mündlichen und schriftlichen Arbeiten. So kannst du dich länger konzentrieren.
Vermeide, Ähnliches direkt nacheinander zu lernen.

Jeder lernt auf unterschiedliche Weise.

Deshalb musst du herausfinden, wie du am besten lernen und dir etwas merken kannst. Musst du es geschrieben vor dir sehen oder genügt es dir, wenn du es hörst?
Wichtig ist auf jeden Fall, dass du auch mit Material arbeitest, das du anfassen kannst.
Am besten kannst du dir Dinge merken, die du selbst ausprobiert hast.

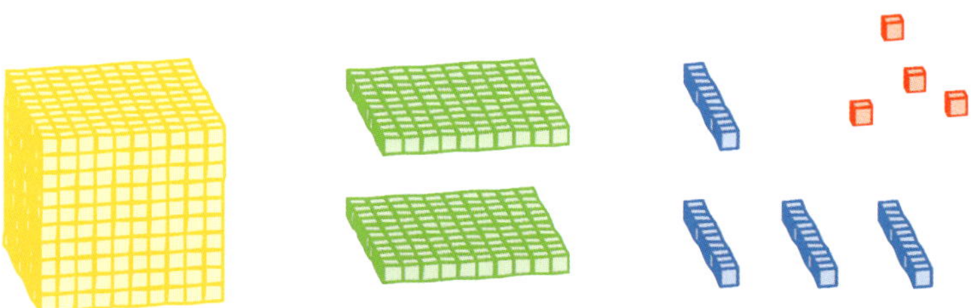

Es hilft, wenn du beim Lernen manchmal laut mitsprichst. Was du dir selbst erklärst oder vorsprichst, kannst du dir besser merken.

Es ist auch wichtig, dass du dein Lernen durch Bilder unterstützt. Das können Zeichnungen, Skizzen oder Lernplakate sein.

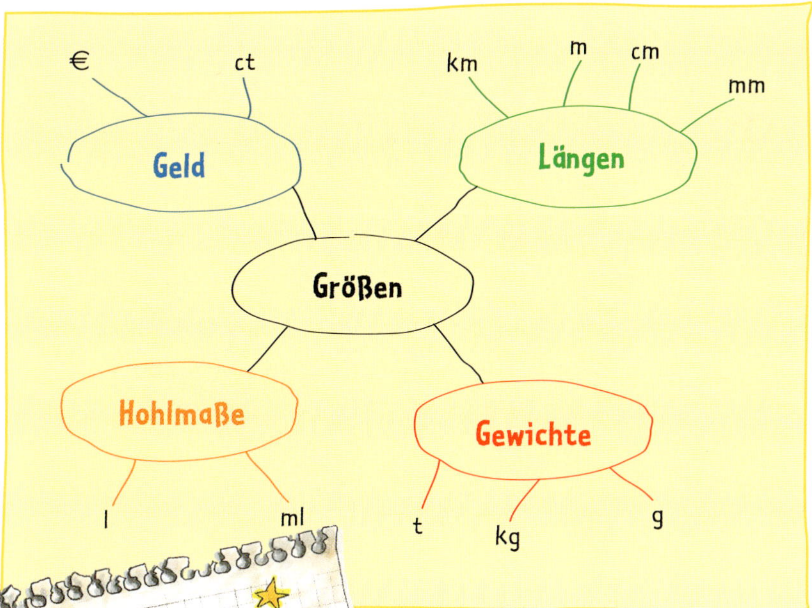

Lerntipps

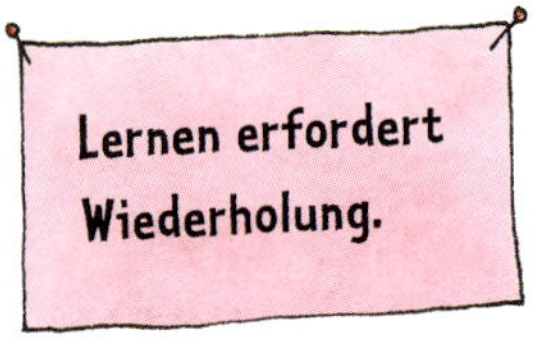

Deshalb ist es wichtig, dass du neuen Lernstoff am Anfang öfter wiederholst. Dadurch behältst du das Gelernte besser.

Es ist auch wichtig, dass du regelmäßig alten Lernstoff wiederholst. Viele kleine Wiederholungen sind besser als eine große.
Dabei hast du verschiedene Möglichkeiten:

Wörter, Sätze, Zahlen oder Regeln, die du dir merken willst, kannst du dir auf **kleine Zettel** schreiben und so aufhängen, dass du sie immer wieder sehen kannst.
Du kannst sie auch mit einer bunten Wäscheklammer sammeln.

Wenn du zu einem Thema viele Informationen hast, kannst du sie übersichtlich auf einem **Lernplakat** darstellen und dieses gut sichtbar aufhängen.

Wenn du dir den Lernstoff über längere Zeit einprägen und deinen Lernfortschritt kontrollieren willst, ist eine **Lernkartei** günstig.

Schreibe dir dein Merkwissen auf Karteikärtchen und ordne sie in das erste Fach deines Karteikastens ein. Bei der Wiederholung kannst du die Aufgaben, die du richtig gelöst hast, in das nächste Fach einsortieren.
Im ersten Fach bleiben alle Kärtchen mit Aufgaben, die du noch weiter üben musst.

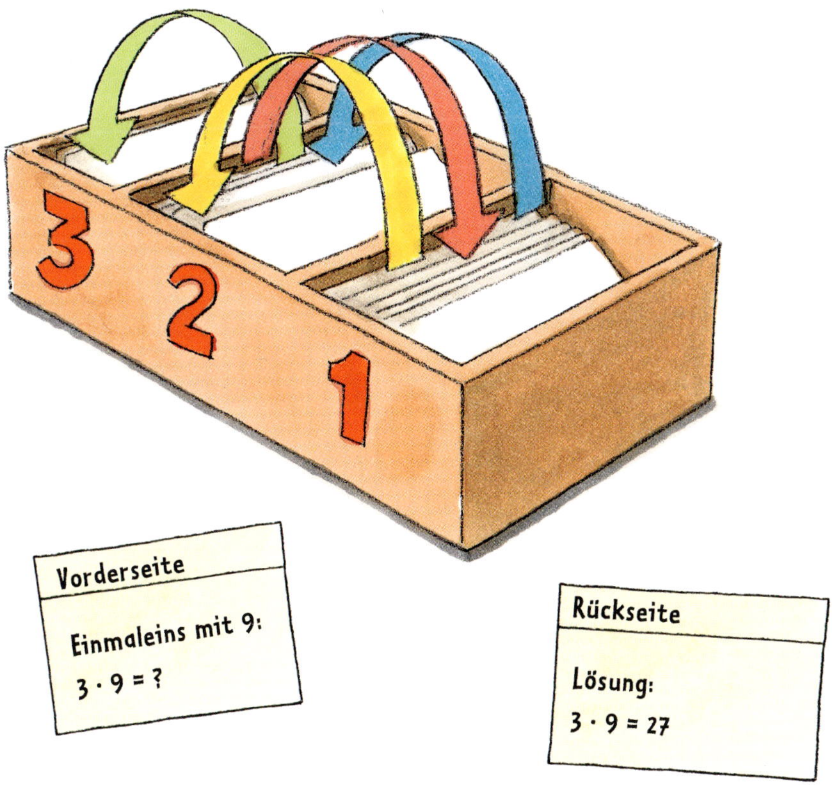

Lerntipps

Achte beim **Abschreiben** von Aufgaben darauf, dass du die Zahlen immer stellengerecht überträgst. Überprüfe sorgfältig noch einmal, ob du richtig übertragen hast.

Auch beim **Auswendiglernen,** z. B. beim Lernen einer Einmaleinsreihe, brauchst du viel Wiederholung. Diese Schritte können dir helfen:

- Einmaleinsreihe aufschreiben
- sich dabei Bilder vorstellen
- mehrmals laut vorlesen
- Ergebnisse abdecken und versuchen, den verdeckten Teil zu ergänzen
- alles abdecken und die Reihe aus dem Kopf sagen
- regelmäßig wiederholen (auch kurz vor dem Schlafengehen)

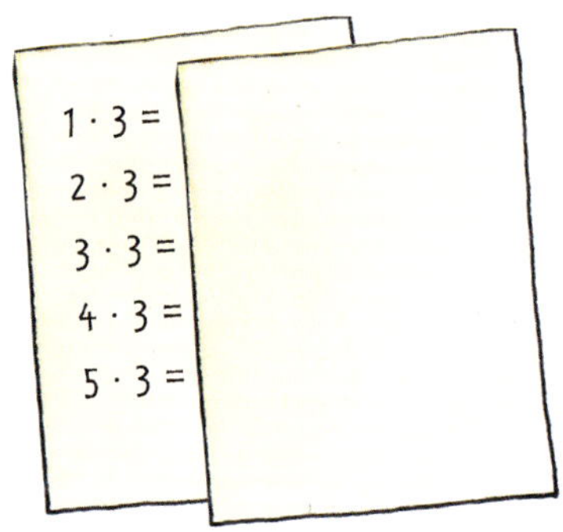

Bei Textaufgaben musst du die Wörter genau lesen. Zu Hause ist es am besten, wenn du den Text laut liest und dann nach den 10 Schritten auf Seite 138 vorgehst.

Die Pause

Deshalb ist es wichtig, dass du kurze Pausen machst. Dann kannst du dich wieder besser konzentrieren.

Frische Luft und ein Stück Obst geben dir neue Kraft.

Vergiss das Trinken nicht. Eine Flasche Wasser sollte an deinem Arbeitsplatz nicht fehlen.

Es ist auch wichtig, dass du dich bewegst. Du kannst in deinem Zimmer hin- und herlaufen, ein paar Kniebeugen machen, dich recken und strecken. Manchmal reicht es auch schon, wenn du deine Arme und Beine ausschüttelst und dabei kräftig gähnst.

Lerntipps

Die Klassenarbeit

Eine Klassenarbeit braucht Vorbereitung.

Deshalb ist es wichtig, dass du genau weißt, was überprüft wird.
Am besten ist, du gliederst den Lernstoff in **kleine Lerneinheiten** vom Leichten zum Schweren.

Es ist wichtig, dass du den Lernstoff über mehrere Tage verteilst. Schau in deinen Wochenplan und plane für jeden Tag eine kleine Lernzeit ein.

Übe auf verschiedenen Wegen: laut sprechen, schreiben oder aufzeichnen, Lernstoff auf Kassette aufnehmen und abhören.

Lerne auch mit anderen zusammen.

Beim **Lösen** von **Rechnungen** (Rechenaufgaben) brauchst du Lösungsstrategien. Du kannst dir eine eigene Strategie überlegen oder dich an die folgenden Schritte halten:

- **Schritt 1**: Schau genau auf das Rechenzeichen (+, –, ·, :).
- **Schritt 2:** Überprüfe, ob in der Aufgabe nur Zahlen oder auch Zahlen mit Maßeinheiten sind.
- **Schritt 3:** Überlege dir bei Zahlen mit Maßeinheiten die Umwandlungszahl(en) (siehe Fachbegriffe, ab Seite 183).
- **Schritt 4:** Überschlage die Aufgabe im Kopf. Deshalb ist es wichtig, dass du fit im Kopfrechnen bist. Das kannst du trainieren.
- **Schritt 5:** Rechne jetzt die Aufgabe genau aus.
- **Schritt 6:** Vergleiche das Ergebnis mit dem Überschlag.
- **Schritt 7:** Rechne die Probeaufgabe.
- **Schritt 8:** Überprüfe, ob das Ergebnis vollständig ist. Hast du auch die Maßeinheit nicht vergessen (siehe Schritt 3)?

Zahlaspekte

Zahlen gibt es überall auf der Welt. Eine Zahl hat nicht immer die gleiche Bedeutung. Es kommt darauf an, in welchem Zusammenhang sie verwendet wird.

Zahlen werden zum Abzählen, Ordnen, Messen, Nummerieren, Vervielfältigen und Rechnen verwendet. Sie sind aus einem Grundbedürfnis der Menschen entstanden, Dinge zu zählen, d. h. die **Anzahl** von **Elementen** in einer vorgegebenen **Menge** zu bestimmen.

Eine **Menge** ist eine Zusammenfassung bestimmter Gegenstände oder Objekte. Ein Gegenstand oder ein Objekt in einer Menge wird als **Element** bezeichnet.

Dabei können die Elemente nach unterschiedlichen Merkmalen zusammengefasst werden: z. B. nach Farbe, Form, Verwendungsart und nach vielen anderen Merkmalen.

Diese Menge hat
3 Elemente.
Es sind alles Spielsachen.

Diese Menge hat
4 Elemente.
Alle Dinge sind rot.

Die genaue **Anzahl** der Elemente einer Menge wird durch Abzählen bestimmt. Beim Zählen werden alle zu zählenden Gegenstände nummeriert. Die letzte Nummer (Zahl) gibt die Anzahl der Gegenstände in einer Menge an.

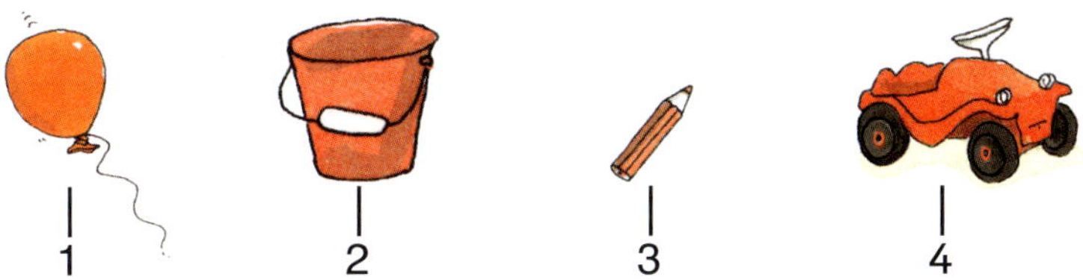

Das letzte Element ist Nummer 4. Deshalb hat die Menge 4 Elemente.

Was kann zusammengehören?

Material: Gegenstände zum Zählen
Gegenstände nach bestimmten Merkmalen ordnen und zählen.
Beispiel: Besteckteile in einer Schublade: alle Besteckteile; dann: alle Messer, Gabeln, Löffel; dann: alle Suppenlöffel, alle Kaffeelöffel; alle Gabeln und Kuchengabeln.

Spieltipp

Zahlaspekte

Verwendung von Zahlen

Zahlen dienen zur Bezeichnung einer **Anzahl** von Elementen in einer Menge.

Immer 4!

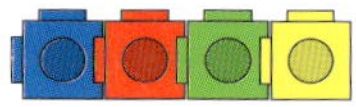

Zahlen dienen zur Bezeichnung einer **Reihenfolge.**
Es gibt zwei Möglichkeiten, Zahlen zu verwenden:

1. Zahlen als **Zählzahlen:** Zu jeder Zahl gibt es eine direkt nachfolgende Zahl. Jede Zahl hat in der Reihenfolge einen festen Platz. Diese Folge der Zahlen hat kein Ende, d. h., es gibt keine letzte Zahl.

   Sprechweise: Die Folge der Zahlen ist unendlich.

   1, 2, 3, 4, 5, 6, 7, 8, 9, 10, 11, 12, …

2. Zahlen als **Ordnungszahlen:** Die Ordnungszahl kennzeichnet einen Rangplatz.

Zahlen helfen, die Umwelt zu beschreiben, zu erfassen und sich in ihr zu orientieren.

Zahlen dienen als **Maßzahlen** für Größen.

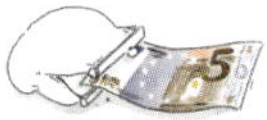

5 cm 5 € 5 l 5 kg 5 h

Zahlen werden zum **Benennen** und **Unterscheiden** benutzt.

Zahlen sagen,
wie oft etwas geschieht.

Zahlen werden beim **Rechnen** benutzt.

$3 + 4 = 7$ $13 - 5 = 8$ $6 \cdot 2 = 12$ $18 : 9 = 2$

Spiel-tipp

Auf Zahlensuche gehen

Material: Papier, Stift, Fotoapparat
- Die Lieblingszahl(en),
- Zahlen in der Familie,
- Zahlen im Haus,
- Zahlen auf der Straße suchen.

Zahlen nennen, aufschreiben oder sogar fotografieren.
Wer findet die meisten Zahlen?
Wer findet am schnellsten drei gleiche Zahlen an unterschiedlichen Orten?

Zahlaspekte

Die Null ist eine besondere Zahl. Sie ist die kleinste Zahl. Deshalb beginnen die Zahlen bei der 0 und werden immer um 1 weitergezählt (vgl. Zählzahlen, Seite 24).

0, 1, 2, 3, 4, …, 106, 107, 108, …, 1234, 1235, …

Die Zahlen werden in **gerade** und **ungerade Zahlen** eingeteilt. Gerade Zahlen sind durch 2 teilbar. Die Null gehört zu den geraden Zahlen. Alle anderen Zahlen sind ungerade.

Gerade Zahlen: 0, 2, 4, 6, 8, 10, 12, 14, …
Ungerade Zahlen: 1, 3, 5, 7, 9, 11, 13, 15, …

Ungerade Zahlen, die nur durch sich selbst und durch 1 teilbar sind, heißen **Primzahlen.**
Die gerade Zahl 2 gehört auch zu den Primzahlen, weil sie nur durch sich selbst und durch 1 teilbar ist.

Primzahlen: 2, 3, 5, 7, 11, 13, 17, …

Jede Zahl, außer der Null, hat zwei **Nachbarzahlen.** Der Nachbar, der vor der Zahl genannt wird, heißt **Vorgänger** und der, der nach der Zahl genannt wird, **Nachfolger.**
Der **Vorgänger** einer Zahl ist immer um 1 **kleiner** als die Zahl selbst, der **Nachfolger** ist um 1 **größer.**
Die Nachbarzahlen von 4 heißen 3 und 5. Die 3 ist der Vorgänger von 4 und die 5 der Nachfolger.

Null ist Nichts. Deshalb wird beim Abzählen von Gegenständen oder Dingen erst mit der Zahl 1 begonnen.

Jede Zahl lässt sich in mindestens zwei Zahlen zerlegen. Das Beispiel zeigt die **Zahlzerlegung** der 5 mit Wendeplättchen und Zahlen:

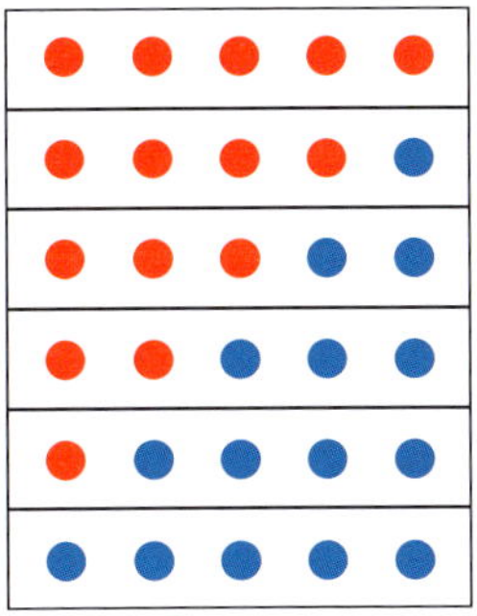

5	
5	0
4	1
3	2
2	3
1	4
0	5

Die Anzahl der Zerlegungsmöglichkeiten ist um 1 höher als die Zahl selbst. Bei der Zahl 5 gibt es sechs Möglichkeiten. Bei der Zahl 3 gibt es vier Möglichkeiten:

[3] [0]   [0] [3]   [1] [2]   [2] [1]

Die Zahlzerlegung kann auch mit einem Pluszeichen notiert werden:

Zerlegung der 5: 5 + 0; 0 + 5; 4 + 1; 1 + 4; 3 + 2; 2 + 3

Spiel-tipp

Einen Schüttelkasten herstellen

Material: Streichholzschachtel, Füllmaterial
Eine Streichholzschachtel vorbereiten und mit getrockneten Erbsen (Linsen) oder bunten Kügelchen in der Anzahl der zu zerlegenden Zahl füllen.
Zahlzerlegungen schütteln und notieren.

Zahlwörter

Zu jeder Zahl gehört ein **Zahlwort.** Die Zahlwörter von 0 bis 20 lauten:

0	**null**		
1	**eins**	**11**	**elf**
2	**zwei**	**12**	**zwölf**
3	**drei**	**13**	**dreizehn**
4	**vier**	**14**	**vierzehn**
5	**fünf**	**15**	**fünfzehn**
6	**sechs**	**16**	**sechzehn**
7	**sieben**	**17**	**siebzehn**
8	**acht**	**18**	**achtzehn**
9	**neun**	**19**	**neunzehn**
10	**zehn**	**20**	**zwanzig**

Diese Reihenfolge und die Namen sind vorgeschrieben. Sie müssen gelernt werden.
Andere wichtige Zahlwörter, die gelernt werden müssen:

30	**dreißig**	**1 000**	**eintausend**
40	**vierzig**	**1 000 000**	**eine Million**
50	**fünfzig**		
60	**sechzig**		
70	**siebzig**		
80	**achtzig**		
90	**neunzig**		
100	**einhundert**		

Nur wenige Zahlwörter müssen gelernt werden, weil sich alle anderen Zahlwörter aus diesen zusammensetzen lassen.

Es gibt noch weitere Zahlwörter: die Wörter der **Ordnungszahlen.**
Wenn eine Zahl als Ordnungszahl benutzt wird, dann wird die Zahl mit Punkt geschrieben und das Zahlwort heißt anders:

der/die/das Erste, Zweite, Dritte …

Bei den meisten Zahlwörtern ist das ganz einfach.
An alle Zahlwörter von 1 bis 19 wird -t (der Zweite) und ab 20 -st (der Zwanzigste) angehängt.

1. der Erste
2. der Zweite
3. der Dritte
4. der Vierte
5. der Fünfte
6. der Sechste
7. der Siebte
8. der Achte
9. der Neunte
10. der Zehnte

20. der Zwanzigste
30. der Dreißigste
…
100. der Hundertste

Ordnungszahlensuche

Material: Papier, Stift
Auf ein Blatt die Familienmitglieder malen oder schreiben.
Bei jedem Familienmitglied den Geburtstag ergänzen.
Dann noch andere wichtige Daten festhalten: den ersten Schultag, das erste Fahrrad, das erste Haustier …
Die Geburtstage ordnen:
Wer hat im Jahr als Erster Geburtstag, wer als Zweiter …?
Wer ist als Erster geboren, wer als Zweiter …?

Spiel-tipp

Ziffern und Zahlen

Jede **Zahl** lässt sich aus den **Ziffern** 0, 1, 2, 3, 4, 5, 6, 7, 8 und 9 bilden.

Mit den Ziffern 3 und 8 können zwei Zahlen gebildet werden:
die Zahlen 38 und 83.

Mit drei unterschiedlichen Ziffern können schon sechs verschiedene Zahlen gebildet werden, wenn jede Ziffer nur einmal in jeder Zahl vorkommt.

2 4 7

Mit den Ziffern 2 4 7 gibt es diese Möglichkeiten:

247	472	724
274	427	742

Mit vier unterschiedlichen Ziffern können 24 verschiedene Zahlen gebildet werden.

So werden Ziffern geschrieben:

1 2 3 4 5 6 7 8 9 0

Zahlen werden mit Ziffern gebildet. Dabei hängt der Wert einer Ziffer von ihrer Stellung innerhalb der Zahl ab. Unser Zahlensystem ist ein **Stellenwertsystem.**

Bei dem **Zehnersystem** wird zu **Zehnereinheiten** gebündelt, d. h., es werden immer zehn Elemente zu einer Menge zusammengefasst. Mit diesem Prinzip können auch sehr große Anzahlen übersichtlich dargestellt werden.

Das Prinzip der Bündelung:
10 Einer werden zu einem **Zehner,**
10 Zehner werden zu einem **Hunderter,**
10 Hunderter werden zu einem **Tausender,**
10 Tausender werden zu einem **Zehntausender,**
10 Zehntausender werden zu einem **Hunderttausender,**
10 Hunderttausender werden zu einer **Million**
zusammengefasst.

Zahlen können durch Bündelung übersichtlich dargestellt werden, indem sie stellengerecht aufgeschrieben werden. Dieses **Prinzip der Stellenwertschreibweise** wird in einer **Stellenwerttafel** noch deutlicher:

Million M	**Hundert-tausend** HT	**Zehn-tausend** ZT	**Tausend** T	**Hundert** H	**Zehn** Z	**Einer** E
0	4	3	2	8	4	1

Wird eine Ziffer um eine Stelle nach links verschoben, verzehnfacht sich ihr Wert. Deshalb heißt es auch **Zehner-System** oder **Dezimalsystem.**

Zahlen lesen und schreiben

Für die **zweistelligen Zahlen** 13 bis 99 gibt es in der deutschen Sprache eine Besonderheit. Beim Lesen liegt eine andere Reihenfolge zugrunde als beim Schreiben. Geschrieben werden die Zahlen von links nach rechts, aber gelesen werden sie von rechts nach links.

47: |||| ●●●●● ●●

Die 4 steht für vier Zehner (|) und die 7 für sieben Einer (●).

Schreibweise: Sprechweise:

Aber:

74: ||||| || ●●●●

7 steht für sieben Zehner (|) und die 4 für vier Einer (●).

Schreibweise: Sprechweise:

Zweistellige Zahlen sind noch leicht zu lesen, schwieriger wird es bei dreistelligen Zahlen.

Bei Zahlen über 100 wird beim Lesen immer an der höchsten Stelle begonnen, also von links nach rechts. Aber die gemischten Zehnerzahlen – ab der Zahl 13 – werden auch in den großen Zahlen immer von rechts nach links (von der Einerstelle zur Zehnerstelle) gelesen. Deswegen wechselt die Leserichtung bei großen Zahlen innerhalb der Zahl.

HT	ZT	T	H	Z	E	Zahlwort
			3	8	6	dreihundertsechsund-achtzig
		7	3	8	6	siebentausenddreihundert-sechsundachtzig
	2	7	3	8	6	siebenundzwanzigtausend-dreihundertsechsundachtzig
5	2	7	3	8	6	fünfhundertsiebenund-zwanzigtausenddreihundert-sechsundachtzig

1 2 4 3

Spiel-tipp

Schnelles Zahlenlegen

Material: Ziffernkärtchen, Papier, Stift

Spielverlauf: Jeder Mitspieler hat Ziffernkärtchen von 0 bis 9 doppelt oder dreifach vor sich liegen. Ein Mitspieler nennt eine Zahl und schreibt sie verdeckt auf einen Zettel. Alle anderen Mitspieler legen so schnell wie möglich die Zahl mit den Ziffernkärtchen. Gewonnen hat, wer am schnellsten die Zahl richtig gelegt hat.

0 1 2 3 4 5 6 7 8 9

Zahlen veranschaulichen

Stellenwerttafel

In einer Stellenwerttafel wird auch der Wert jeder Ziffer innerhalb einer Zahl deutlich.
Für jede Stelle, die zwischen der höchsten und niedrigsten Stelle steht und nicht besetzt ist, muss in einer Stellenwerttafel eine Null eingetragen werden.

70 305

Stellen-wert	1 000 000	100 000	10 000	1000	100	10	1
Ab-kürzung	M	HT	ZT	T	H	Z	E
			●●●●●●●		●●●		●●●●●

Stellen-wert	1 000 000	100 000	10 000	1000	100	10	1
Ab-kürzung	M	HT	ZT	T	H	Z	E
			7	0	3	0	5
Zahlwort							

$$70\,305 = 7 \cdot 10\,000 + 0 \cdot 1000 + 3 \cdot 100 + 0 \cdot 10 + 5 \cdot 1$$

Zahl	M	HT	ZT	T	H	Z	E
10						1	0
306					3	0	6
4001				4	0	0	1
18 027			1	8	0	2	7

Je größer eine Zahl ist, desto mehr Stellen hat sie in der Stellenwerttafel.

Zahlen können auf ganz unterschiedliche Weise veranschaulicht werden.

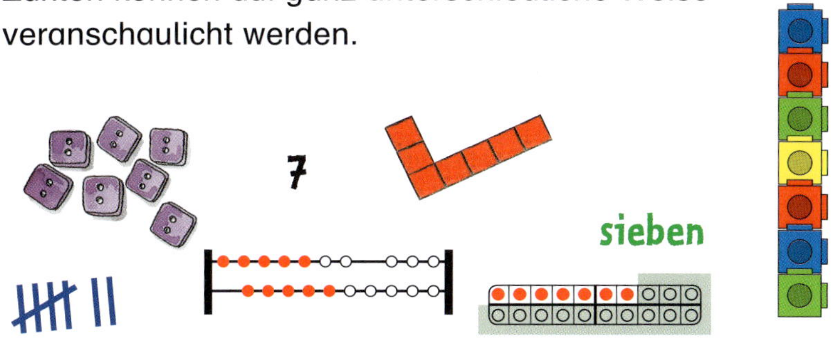

Zwanziger-Rechenrahmen

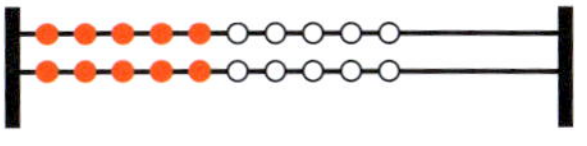

Der Zwanziger-Rechenrahmen hat zwei Reihen mit je zehn Perlen (Zehnerbündelung) und meist eine Fünfer-Strukturierung (je fünf Perlen in einer Farbe). Das erleichtert das schnelle Darstellen und Auffassen von Zahlen.

Zwanzigerfeld

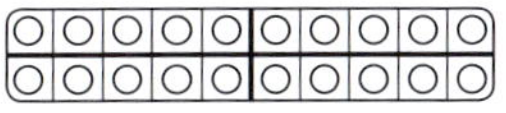

Das Zwanzigerfeld ist wie der Zwanziger-Rechenrahmen aufgebaut. Es besteht aus zwei Reihen mit je zehn Feldern und hat auch eine Fünfer-Strukturierung. Das Zwanzigerfeld wird häufig in Verbindung mit Wendeplättchen benutzt. Wendeplättchen sind meistens rund. Sie haben auf der Vorder- und der Rückseite unterschiedliche Farben. Oft sind sie auf der einen Seite rot und auf der anderen blau.

Spiel-tipp

Wendeplättchen herstellen

Material: 20 Stück 1-Cent-Münzen, Klebepunkte
1-Cent-Stücke mit zwei verschiedenfarbigen Punkten bekleben: z. B. die Vorderseite mit roten Punkten und die Rückseite mit blauen Punkten.

Zahlen veranschaulichen

Hunderter-Rechenrahmen

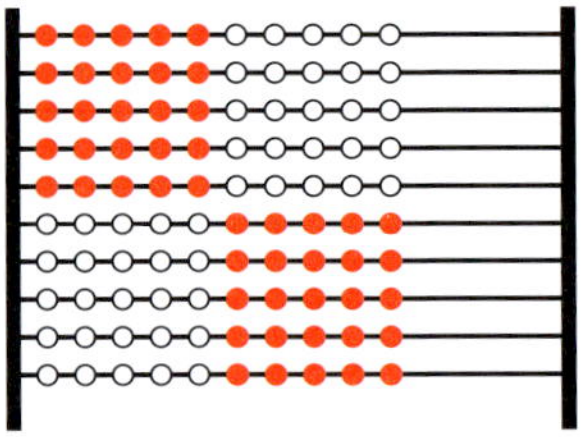

Der Hunderter-Rechenrahmen ist genauso aufgebaut wie der Zwanziger-Rechenrahmen. Er hat zehn Reihen mit je zehn Perlen. Häufig ist eine Aufteilung in vier Felder mit je 25 Perlen (5 · 5) zu erkennen.

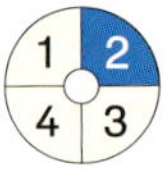

Hunderterfeld

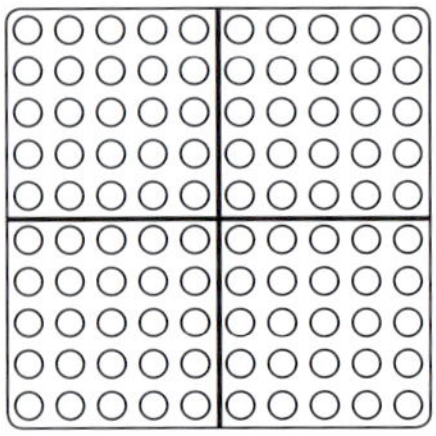

Das Hunderterfeld ist ähnlich aufgebaut wie der Hunderter-Rechenrahmen. Zum Bestimmen von Anzahlen verwendet man Farbfolien oder Abdeckwinkel.

72 als Anzahl von 72 Perlen, Punkten oder als Zahlbild:

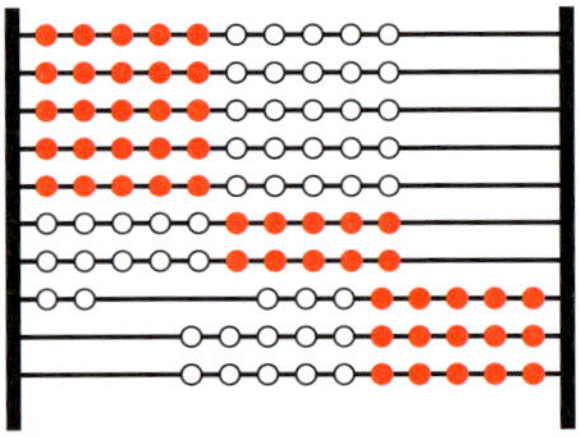

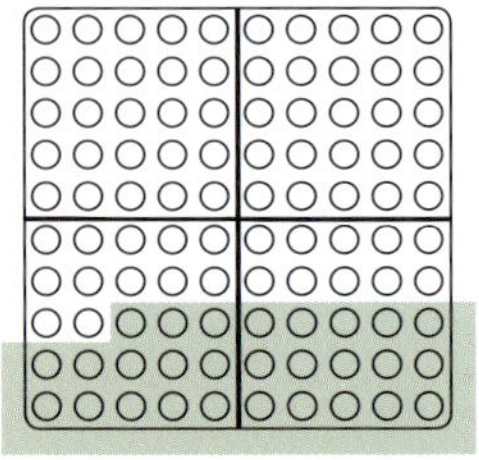

Oft wird das Zahlbild nicht von oben nach unten, sondern von links nach rechts aufgebaut: 72 |||||| || ●●
So entspricht diese Anordnung der Darstellung in der Stellenwerttafel.

Hundertertafel

Die Hundertertafel stellt die Zahlen bis 100 dar. Sie besteht aus 100 Einzelfeldern, die in Zeilen und Spalten angeordnet sind. Jede Zeile und jede Spalte hat zehn Felder.

Die Hundertertafel beginnt mit der Zahl 1. Sie ist die kleinste Zahl in der Tafel. Ihr Platz ist in der ersten Zeile und in der ersten Spalte. Die letzte Zahl ist die 100. Sie ist die größte Zahl in der Tafel. Ihr Platz ist in der zehnten Zeile und in der zehnten Spalte.

In der Hundertertafel hat jede Zahl ihren eindeutigen Platz. Die Zahlen werden größer von links nach rechts und von oben nach unten.

1	2	3	4	5	6	7	8	9	10
11	12	13	14	15	16	17	18	19	20
21	22	23	24	25	26	27	28	29	30
31	32	33	34	35	36	37	38	39	40
41	42	43	44	45	46	47	48	49	50
51	52	53	54	55	56	57	58	59	60
61	62	63	64	65	66	67	68	69	70
71	72	73	74	75	76	77	78	79	80
81	82	83	84	85	86	87	88	89	90
91	92	93	94	95	96	97	98	99	100

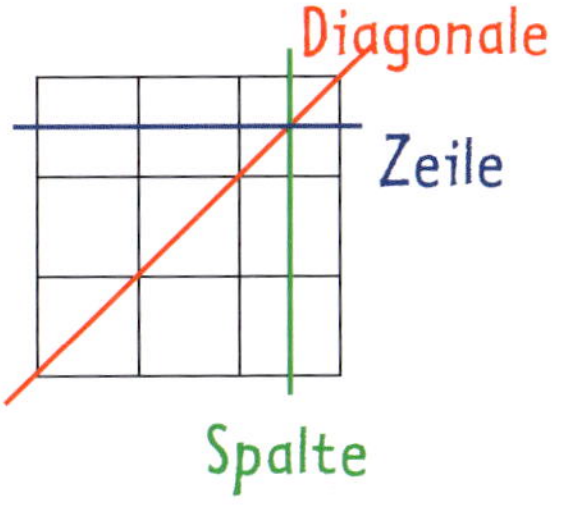

Entdeckungen an der Hundertertafel

Material: Hundertertafel

- Wo stehen die Zehnerzahlen?
- Was haben alle Zahlen in einer Spalte gemeinsam?
- Gibt es an der Hundertertafel mehr gerade oder mehr ungerade Zahlen?
- Welche Zahlen stehen auf den Diagonalen?

Spiel-tipp

Zahlen veranschaulichen

Um große Zahlen übersichtlich und anschaulich darzustellen und um das Zehnersystem zu verdeutlichen, werden zur Veranschaulichung häufig **M**ehr**s**ystem**b**löcke (**MSB**) oder auch Millimeterquadrate verwendet.

Mehrsystemblöcke

Würfel	Platte	Stange	Einer(klotz)
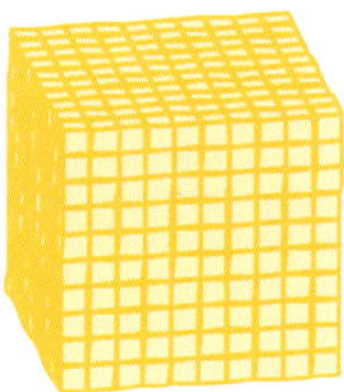	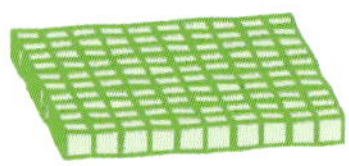		
Tausender	Hunderter	Zehner	Einer
T	**H**	**Z**	**E**
1000	100	10	1

$6752 = 6 \cdot 1000 + 7 \cdot 100 + 5 \cdot 10 + 2 \cdot 1$

Mehrsystemblöcke oder Millimeterquadrate helfen, sich große Zahlen vorzustellen.

Millimeterquadrate

Die kleinen Kästchen ▪ heißen Millimeterquadrate.

In einer Reihe sind 10 Millimeterquadrate.

In einem Zentimeterquadrat 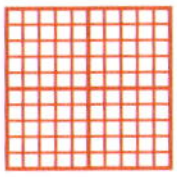 sind 100 Millimeterquadrate.

In 10 Zentimeterquadraten sind 1000 Millimeterquadrate.

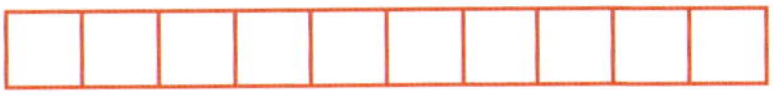

6752

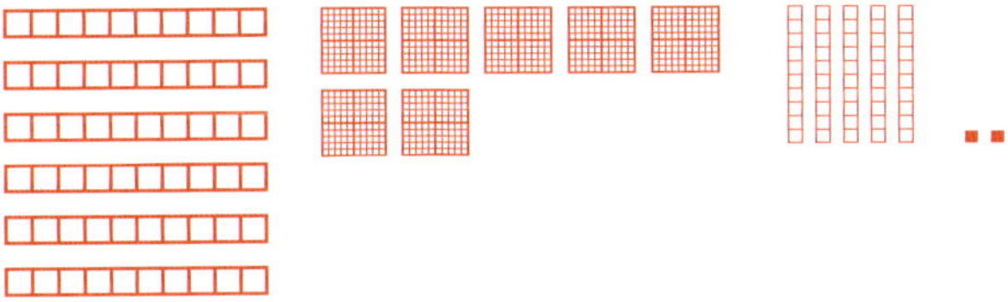

Die Zahlen von 1000 bis 1 Million lassen sich auch mit Millimeterpapier veranschaulichen.

10 000 Millimeterquadrate

100 000 Millimeterquadrate (10 Zehntausenderquadrate)

1 000 000 Millimeterquadrate (10 Hunderttausenderquadrate)

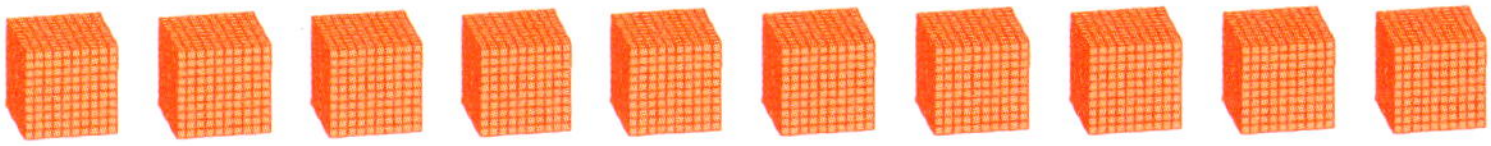

Zahlen veranschaulichen

Zahlenstrahl

Ein Zahlenstrahl ist eine gerade Linie, auf der die Zahlen nach ihrer Größe angeordnet sind. Der Anfangspunkt ist die Zahl Null. Für jede Zahl gibt es genau einen Punkt auf dem Zahlenstrahl. Je weiter rechts ein Punkt von der Null entfernt ist, desto größer ist die Zahl.
Auf einem Zahlenstrahl muss der Abstand zwischen zwei benachbarten Zahlen immer gleich groß sein. Die Größe des Abstands ist frei wählbar.

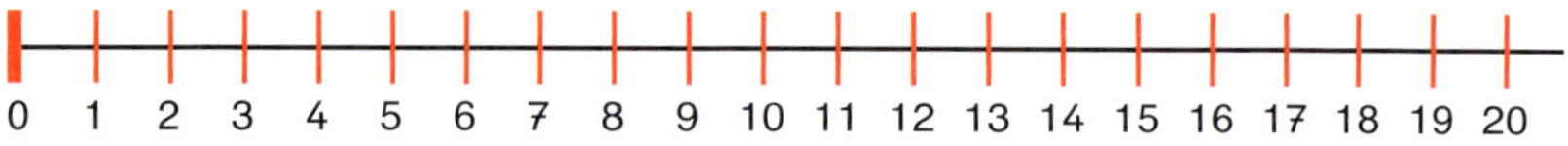

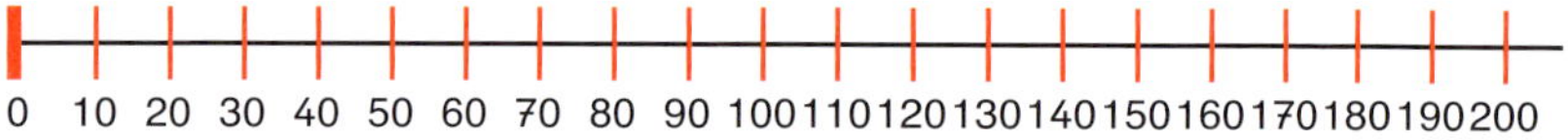

Oft werden auch nur Ausschnitte eines Zahlenstrahls dargestellt.

Die Zahl 5273 liegt zwischen 5270 und 5280. Diese Zahlen sind die Nachbarzehner von 5273.

Die Zahl 5273 liegt zwischen 5200 und 5300. Diese Zahlen sind die Nachbarhunderter von 5273.

Die Zahl 5273 liegt zwischen 5000 und 6000. Diese Zahlen sind die Nachbartausender von 5273.

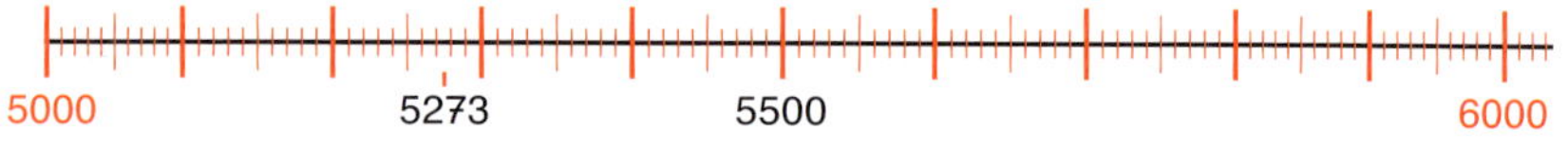

Ein Zahlenstrahl ist eine gerade Linie mit einem Anfangs-, aber keinem Endpunkt. Der Zahlenstrahl wird manchmal auch nur Zahlenband genannt.

Manchmal können Zahlen nur ungefähr am Zahlenstrahl eingetragen werden, weil nicht jeder Zahl ein Strich zuzuordnen ist. Dann ist es nötig, die Zahl zuerst zu runden.

$5273 \approx 5300$

Rundungsregel:
Es wird abgerundet bei: 0, 1, 2, 3, 4.
Es wird aufgerundet bei: 5, 6, 7, 8, 9.
Es wird immer die Zahl angeschaut, die direkt rechts neben der zu rundenden Zahl steht.

Zählen

Der Begriff **Zählen** wird für verschiedene Tätigkeiten benutzt:

- das **konkrete Abzählen** von Gegenständen,
- das **Aufsagen der Zahlwortreihe.**

Konkretes Abzählen

Dabei wird die Anzahl einer Menge bestimmt. Das Abzählen beginnt mit der Zahl 1. Die zu zählenden Elemente in einer Menge können ganz verschieden sein.

7 Trinkgefäße

Das Abzählen einer größeren Menge ist einfacher, wenn die Elemente zu Bündeln zusammengefasst werden. Das können Zehner-Bündel oder auch Fünfer-Bündel sein. Die Fünfer-Bündelung wird auch beim Zählen mit einer Strichliste angewendet. Dabei wird für jedes Element ein Strich geschrieben. Fünf Striche werden zu einem Bündel zusammengefasst:

7 Trinkgefäße 

Durch die **Fünfer-Bündelung** (Kraft der Fünf) kann die Anzahl einer Menge schnell erfasst werden.

5 → 10 → 15 → 20 → 25 → 28

Die Elemente einer Menge können in jeder beliebigen Sprache abgezählt werden. Die Anzahl der Elemente verändert sich nicht, egal wie die Zahlwörter klingen.

Aufsagen der Zahlwortreihe

Die Zahlwortreihe hört wie die Zahlen nie auf. Sie geht immer weiter – unendlich weit. Für das Wort **unendlich** gibt es ein eigenes Zeichen. Es sieht aus wie eine liegende Acht: ∞.

Es gibt verschiedene Möglichkeiten, die Zahlwortreihe aufzusagen:

vorwärts: eins, zwei, drei, … oder null, eins, zwei, drei, …
rückwärts: …, drei, zwei, eins oder …, drei, zwei, eins, null
ab einer beliebigen Zahl: 35, 36, 37, 38, …
bis zu einer beliebigen Zahl: …, …, 67
alle geraden Zahlen: 0, 2, 4, 6, 8, …
alle ungeraden Zahlen: 1, 3, 5, 7, …
alle 5er-Zahlen: 5, 10, 15, 20, …
alle Ordnungszahlen: der/die/das Erste, der/die/das Zweite, der/die/das Dritte, … oder erstens, zweitens, drittens, …

Spieltipp

Zahlwortreihe üben

- Abzählreime: „Eins, zwei, drei, vier
  Peter spielt Klavier.
  Fünf, sechs, sieben, acht
  das hat ihm richtig Spaß gemacht.“
- Sprechverse: „Morgens früh um sechs
  kommt die kleine Hex.
  Morgens früh um sieben
  schält sie gelbe Rüben …“
- Abzähllieder: „Mein Hut, der hat drei Ecken …“
  „Mein Auto hat vier Räder …“
  „Meine Hand, die hat fünf Finger …“

Zahlen vergleichen

Für den Vergleich von Zahlen gibt es folgende Zeichen:

= gleich **< ist kleiner als** **> ist größer als**

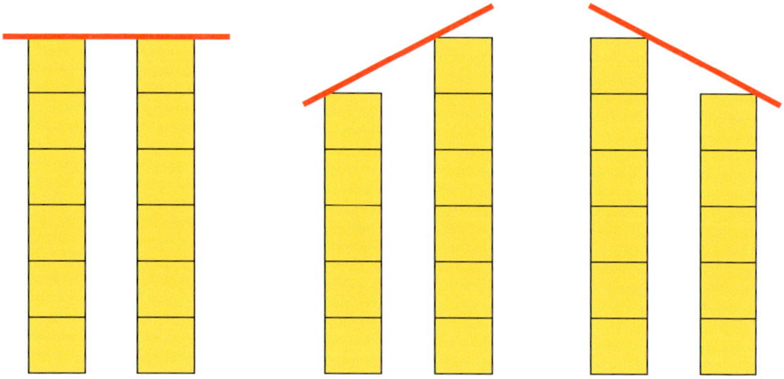

6 = 6	5 < 6	6 > 5
sechs	fünf	sechs
gleich	ist kleiner als	ist größer als
sechs	sechs	fünf

1 2 4 3

Ein Größenvergleich vorgegebener Zahlen kann auch an einem Zahlenstrahl veranschaulicht werden. Alle Zahlen, die links von einer vorgegebenen Zahl am Zahlenstrahl liegen, sind kleiner als die Zahl. Alle Zahlen, die rechts von einer vorgegebenen Zahl liegen, sind größer als die Zahl.

5 < 6 6 > 5

Die roten Striche sind eine Merkhilfe, wie die Zeichen geschrieben werden.

= < >

Es können auch mehr als zwei Zahlen miteinander verglichen werden.

Diese können auf zwei verschiedene Arten geordnet werden:
- von Klein nach Groß,
- von Groß nach Klein.

3, 11, 19, 7, 50, 1617, 128

Von Klein nach Groß:
3 < 7 < 11 < 19 < 50 < 128 < 1617

Von Groß nach Klein:
1617 > 128 > 50 > 19 > 11 > 7 > 3

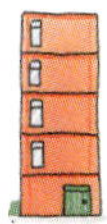

Spiel-tipp

Hohe Hausnummern würfeln

Material: mindestens 2 Würfel
Spielverlauf: Jeder Mitspieler würfelt und bildet aus seinen Würfelaugen eine Zahl.
Die Zahlen werden nebeneinander aufgeschrieben, verglichen und jeder Spieler setzt im Wechsel das passende Zeichen (=, <, >) ein.
Der Spieler, der die größere Zahl notiert hat, bekommt einen Punkt. Gewinner ist der Spieler mit den meisten Punkten.

z. B. 52 > 43

Gerade, ungerade oder sogar Primzahl?

Beispiele: 2, 5, 12, 27

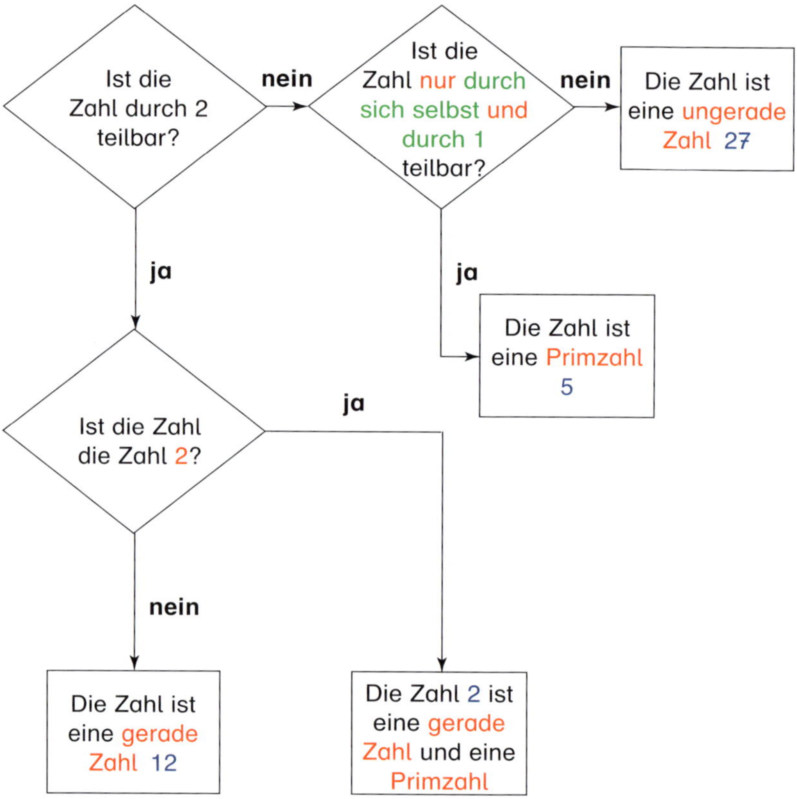

Zu einer Zahl den Vorgänger, Nachfolger oder eine andere Nachbarzahl finden

Beispiel: 187 652

Start

	ja →	→
Wird der Vorgänger/Nachfolger gesucht?	Vorgänger: Von der Einerstelle der Zahl die Zahl 1 subtrahieren 187 651	Nachfolger: Zu der Einerstelle der Zahl die Zahl 1 addieren 187 653
nein ↓ Werden die Nachbarzehner gesucht?	Kleinerer Nachbarzehner: Die Einerstelle durch die Ziffer 0 ersetzen 187 650	Größerer Nachbarzehner: Zum kleineren Nachbarzehner 10 addieren 187 660
nein ↓ Werden die Nachbarhunderter gesucht?	Kleinerer Nachbarhunderter: Die Einer- und Zehnerstelle durch die Ziffer 0 ersetzen 187 600	Größerer Nachbarhunderter: Zum kleineren Nachbarhunderter 100 addieren 187 700
nein ↓ Werden die Nachbartausender gesucht?	Kleinerer Nachbartausender: Die Einer-, Zehner- und Hunderterstelle durch die Ziffer 0 ersetzen 187 000	Größerer Nachbartausender: Zum kleineren Nachbartausender 1000 addieren 188 000
nein ↓ Werden die Nachbarzehntausender gesucht?	Kleinerer Nachbarzehntausender: Die Einer-, Zehner-, Hunderter- und Tausenderstelle durch die Ziffer 0 ersetzen 180 000	Größerer Nachbarzehntausender: Zum kleineren Nachbarzehntausender 10 000 addieren 190 000
nein ↓ Werden die Nachbarhunderttausender gesucht?	Kleinerer Nachbarhunderttausender: Die Einer-, Zehner-, Hunderter-, Tausender- und Zehntausenderstelle durch die Ziffer 0 ersetzen 100 000	Größerer Nachbarhunderttausender: Zum kleineren Nachbarhunderttausender 100 000 addieren 200 000

nein ↓

Noch einmal an den Start!

Die vier Grundrechenarten

Unter dem Begriff **Grundrechenarten** sind die **Addition** (hinzufügen, zusammenzählen), die **Subtraktion** (wegnehmen, abziehen), die **Multiplikation** (malnehmen) und die **Division** (teilen) zusammengefasst.

4 + 2 = 6

7 − 1 = 6

2 · 4 = 8

12 : 3 = 4

Addition/addieren (zusammenzählen, hinzufügen):

137	+	39	=	176
Summand	**plus**	Summand		**Summe**

Subtraktion/subtrahieren (abziehen, wegnehmen):

524	–	13	=	511
Minuend	**minus**	Subtrahend		**Differenz**

Multiplikation/multiplizieren (malnehmen):

8	·	6	=	48
Faktor	**mal**	Faktor		**Produkt**

Division/dividieren (teilen):

500	:	5	=	100
Dividend	**(geteilt) durch**	Divisor		**Quotient**

Spieltipp

Augen auf für Rechenaufgaben

Material: Papier, Stift, Würfel
Wer entdeckt im Supermarkt, zu Hause oder in der Schule die meisten Rechenaufgaben und Rechengeschichten? Immer die passende Aufgabe sagen, aufschreiben und lösen:

– beim Würfelspiel Augenzahlen addieren,

3 + 4 = 7

– beim Einkaufen bei Verpackungen Malaufgaben und Plusaufgaben finden (z. B. Eierschachteln, abgepackte Paprika …),
– beim Sport durch Teilen gleich große Mannschaften bilden oder Bonbons gerecht aufteilen.

Addition und Subtraktion

Der Begriff **Addieren** beschreibt viele Handlungen in Sachsituationen, wie z. B. hinzufügen, dazugeben, hinzukommen, zusammenfassen, vermehren, vergrößern und verlängern.
Auch der Begriff **Subtrahieren** beschreibt viele Handlungen in Sachsituationen, wie z. B. wegnehmen, vermindern, abziehen, verringern, verkleinern und verkürzen.

1 + 2 = 3

3 – 1 = 2

4 + 2 = 6

Wie viele Stifte sind nicht rot?

8 – 2 = 6

Sprechweise bei der **Addition:** 6 + 3 = 9
sechs plus drei gleich neun.
Sprechweise bei der **Subtraktion:** 24 – 13 = 11
vierundzwanzig minus dreizehn gleich elf.

Es gibt nur drei verschiedene Arten von Aufgaben bei der Addition und Subtraktion.

Addition:	**Subtraktion:**
3 + 4 = □	8 − 5 = □
3 + □ = 7	8 − □ = 3
□ + 4 = 7	□ − 5 = 3

□ ist die gesuchte Zahl und wird auch Platzhalter genannt.

Bei einer **Gleichung** haben die Ausdrücke, die links und rechts des **Gleichheitszeichens** stehen, den gleichen Wert.

3 + 4 = 7 oder 8 = 10 − 2

Bei einer **Ungleichung** unterscheiden sich die Werte auf den beiden Seiten. Deshalb steht das Zeichen **ist kleiner als** (<) oder **ist größer als** (>) dazwischen.

4 + < 9

Spiel-tipp

Das höchste Ergebnis gewinnt

Material: 3 Würfel, 1 Blatt Papier mit Spalten in der Anzahl der Mitspieler, Stift

Spielverlauf: Jeder Spieler wirft einmal mit allen drei Würfeln und trägt seinen Wurf als Plusaufgabe in eine leere Spalte auf dem Blatt ein. Alle Aufgaben stehen in einer Zeile. Dann rechnet ein Spieler alle Aufgaben aus und setzt dazwischen die jeweils passenden Zeichen <, > oder = ein. Wer das höchste Ergebnis gewürfelt hat, löst die Aufgaben der nächsten Runde.

Addition und Subtraktion

Jede **Additionsaufgabe** ist lösbar. Bei Additionsaufgaben gelten zwei wichtige **Rechengesetze**.

1. Vertauschungsgesetz (Kommutativgesetz):
Die Summanden dürfen vertauscht werden. Die Summe bleibt immer gleich.

5 + 3 = 8

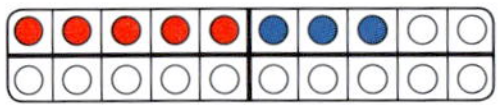

3 + 5 = 8

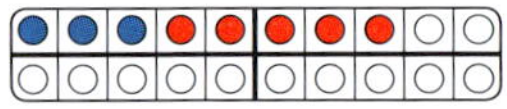

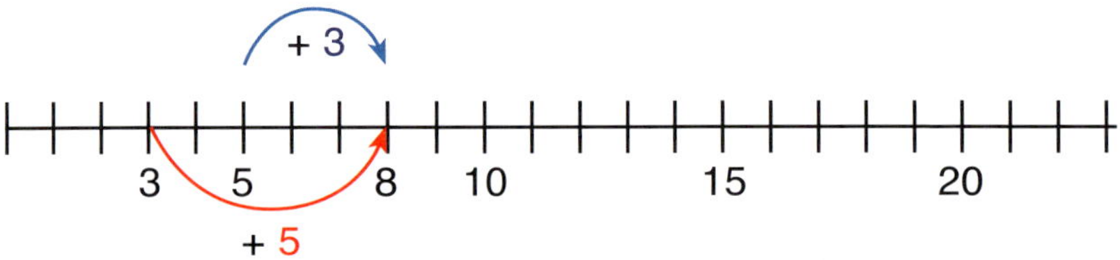

2. Zusammenfassungsgesetz oder Verbindungsgesetz (Assoziativgesetz):
Bei einer Addition mit mindestens drei Summanden dürfen die einzelnen Summanden beliebig addiert werden, ohne dass sich das Ergebnis ändert. Die Summanden, die zusammengefasst werden sollen, können in Klammern gesetzt werden. Die Aufgaben in den Klammern werden dann zuerst gelöst.

48 + 83 + 17 = □
(48 + 83) + 17 = 131 + 17 = 148 oder
48 + (83 + 17) = 48 + 100 = 148

Durch Vertauschen der Summanden oder durch geschicktes Zusammenfassen ist eine Aufgabe leichter zu rechnen. Die Summe bleibt gleich.

Eine **Subtraktionsaufgabe** ist nur dann lösbar, wenn die erste Zahl größer als die zweite Zahl ist.

Lösbar:	Nicht lösbar:
7 – 3 = □	3 – 7 = □
253 – 127 = □	127 – 253 = □

Die Zahlen dürfen also bei der Subtraktion nicht vertauscht und auch nicht beliebig zusammengefasst werden.

27 – (12 – 3) = 27 – 9 = 18
(27 – 12) – 3 = 15 – 3 = 12

Additions- und Subtraktionsaufgaben können gelöst werden

- durch Zählen und Abzählen,
- durch Auswendigwissen,
- durch Zurückführen auf bekannte Aufgaben.

Diese drei Möglichkeiten werden je nach Größe der Zahlen angewendet.

Zählen und Abzählen

Dies sind die **ersten** Strategien, die beim Lösen von Additions- und Subtraktionsaufgaben angewendet werden. Das Ergebnis wird nur durch Zählen ermittelt.

5 + 4 = □

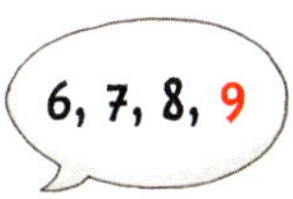

Eine Strategie ist ein Plan, der bewusst benutzt wird, um ein Problem zu lösen.

Auswendigwissen

Dies ist die schnellste Strategie für das Lösen von Additions- und Subtraktionsaufgaben.

Alle Einspluseins-Sätze sind in einer **Einspluseins-Tafel** zu finden. Aber es müssen nur wenige Aufgaben wirklich auswendig gelernt werden, weil die meisten Aufgaben von **Grundaufgaben** abgeleitet werden können. Diese **Grundaufgaben** sind in der Einspluseins-Tafel farbig markiert.

+	0	1	2	3	4	5	6	7	8	9	10
0	0 + 0	0 + 1	0 + 2	0 + 3	0 + 4	0 + 5	0 + 6	0 + 7	0 + 8	0 + 9	0 + 10
1	1 + 0	1 + 1	1 + 2	1 + 3	1 + 4	1 + 5	1 + 6	1 + 7	1 + 8	1 + 9	1 + 10
2	2 + 0	2 + 1	2 + 2	2 + 3	2 + 4	2 + 5	2 + 6	2 + 7	2 + 8	2 + 9	2 + 10
3	3 + 0	3 + 1	3 + 2	3 + 3	3 + 4	3 + 5	3 + 6	3 + 7	3 + 8	3 + 9	3 + 10
4	4 + 0	4 + 1	4 + 2	4 + 3	4 + 4	4 + 5	4 + 6	4 + 7	4 + 8	4 + 9	4 + 10
5	5 + 0	5 + 1	5 + 2	5 + 3	5 + 4	5 + 5	5 + 6	5 + 7	5 + 8	5 + 9	5 + 10
6	6 + 0	6 + 1	6 + 2	6 + 3	6 + 4	6 + 5	6 + 6	6 + 7	6 + 8	6 + 9	6 + 10
7	7 + 0	7 + 1	7 + 2	7 + 3	7 + 4	7 + 5	7 + 6	7 + 7	7 + 8	7 + 9	7 + 10
8	8 + 0	8 + 1	8 + 2	8 + 3	8 + 4	8 + 5	8 + 6	8 + 7	8 + 8	8 + 9	8 + 10
9	9 + 0	9 + 1	9 + 2	9 + 3	9 + 4	9 + 5	9 + 6	9 + 7	9 + 8	9 + 9	9 + 10
10	10 + 0	10 + 1	10 + 2	10 + 3	10 + 4	10 + 5	10 + 6	10 + 7	10 + 8	10 + 9	10 + 10

Eine Parallele ist eine gerade Linie, die zu einer anderen geraden Linie den gleichen Abstand hat (vgl. Geometrie, Seite 169).

5 + 5 : Verdopplungsaufgaben (vgl. S. 60)
3 + 0 : Nullaufgaben (vgl. S. 64)
7 + 3 : Aufgaben mit dem Ergebnis 10
7 + 8 : Aufgaben mit dem Ergebnis 5 oder 15
5 + 2   2 + 5 : Es gehören immer zwei Aufgaben zusammen: Aufgabe und Tauschaufgabe (vgl. Seite 63).

1 + 1	1 + 2	1 + 3
2 + 1	2 + 2	2 + 3
3 + 1	3 + 2	3 + 3

2 + 1 = 1 + 2
3 + 1 = 1 + 3
3 + 2 = 2 + 3

Aufgabe und Tauschaufgabe haben das gleiche Ergebnis.

Aufgaben, die auf einer Parallele zur gelben Diagonale liegen, haben immer das gleiche Ergebnis (vgl. gegensinniges Verändern, Seite 61).

	6 + 1	6 + 2	6 + 3	6 + 4	6 + 5
7 + 0	7 + 1	7 + 2	7 + 3	7 + 4	7 + 5
8 + 0	8 + 1	8 + 2	8 + 3	8 + 4	8 + 5
9 + 0	9 + 1	9 + 2	9 + 3	9 + 4	9 + 5

6 + 2 = 8   7 + 5 = 12
7 + 1 = 8   8 + 4 = 12
8 + 0 = 8   9 + 3 = 12

Bei den Aufgaben, die auf einer Parallele zur orangefarbenen Diagonale aneinander stoßen, ändert sich das Ergebnis je nach Richtung um + 2 bzw. um – 2 (vgl. gleichsinniges Verändern, Seite 61).

3 + 2	3 + 3	3 + 4	3 + 5	3 + 6	
4 + 2		4 + 4	4 + 5	4 + 6	4 + 7
5 + 2	5 + 3	5 + 4	5 + 5	5 + 6	5 + 7
	6 + 3	6 + 4	6 + 5	6 + 6	6 + 7

3 + 2 = 5   3 + 5 = 8
4 + 3 = 7   4 + 6 = 10
5 + 4 = 9   5 + 7 = 12
6 + 5 = 11

Addition und Subtraktion

Viele Aufgaben sind über Strategien lösbar. Wichtige **Lösungsstrategien** sind:

- Zerlegen und Zusammensetzen (vgl. Zahlzerlegung, Seite 27 und Zehnerübergang, Seite 66),
- Verdoppeln und Halbieren,
- gegen- und gleichsinniges Verändern.

Verdoppeln und Halbieren

Beim **Verdoppeln** einer Zahl wird die Zahl noch einmal zu sich selbst addiert oder mit dem Faktor 2 multipliziert. Verdoppeln und Halbieren kann gut am Rechenrahmen, durch Spiegeln und mit Karopapier verdeutlicht werden.

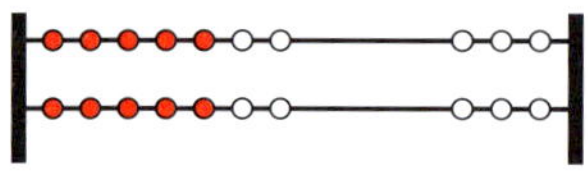

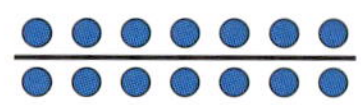

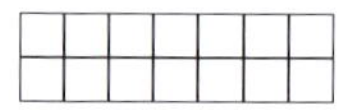

$7 + 7 = 14$

$2 \cdot 7 = 14$

Die Verdopplungsaufgaben werden schnell auswendig gelernt. Damit können dann auch die Nachbaraufgaben der Verdopplungsaufgaben schnell gelöst werden. Das Bilden von Verdopplungsaufgaben gehört zu den Strategien, die auch häufig beim Zehnerübergang angewendet werden.

$6 + 6 = 12$	$6 + 7 = 6 + 6 + 1 = 13$
$7 + 7 = 14$	$7 + 6 = 7 + 7 - 1 = 13$

Sprechweise:
4 ist **das Doppelte** von 2.
3 ist **die Hälfte** von 6.

Halbieren bedeutet, dass eine Menge in zwei gleich große Mengen oder eine Zahl in zwei gleiche Summanden zerlegt wird oder die Zahl durch den Divisor 2 geteilt wird. Halbiert werden kann nur eine gerade Zahl.

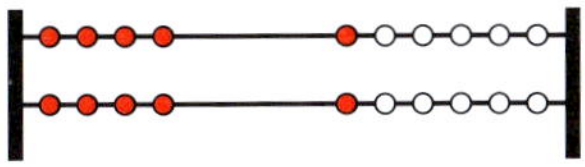

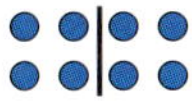

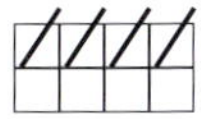

$8 - 4 = 4$

$8 : 2 = 4$

Gegensinniges und gleichsinniges Verändern

Gegensinniges Verändern bedeutet bei einer Addition, dass ein Summand um eine vorgegebene Zahl erhöht wird und ein zweiter Summand genau um diese Zahl vermindert wird. Das Ergebnis ändert sich dadurch nicht. Deshalb bietet sich diese Strategie an, wenn beide Summanden nahe beieinander oder in der Nähe voller Zehner liegen, um schnell und sicher rechnen zu können. Das wird auch **vorteilhaftes Rechnen** genannt.

$$6 + 9 = \square \rightarrow \underbrace{5}_{(6 - 1)} + \underbrace{10}_{(9 + 1)} = 15$$

Dabei bleibt die Summe gleich: Die Summe ist konstant.

Spieltipp

Doppelt sehen

Material: Spiegel, verschiedene Gegenstände
Mit einem Spiegel Verdopplungsaufgaben finden und lösen.
Vor einen Spiegel verschiedene Gegenstände in unterschiedlicher Anzahl legen, z. B. Bleistifte, Knöpfe, Büroklammern, Steine … Die jeweilige Verdopplungsaufgabe nennen und/oder notieren und lösen.

Addition und Subtraktion

Gleichsinniges Verändern bedeutet, dass Summand und Summand oder Minuend und Subtrahend um die gleiche Zahl verändert werden.

Beim gleichsinnigen Verändern bei der Addition verändert sich der Wert der Summe.

$1 + 5 = 6$
$2 + 6 = 8$
$3 + 7 = 10$
⋮

Beim gleichsinnigen Verändern bei der Subtraktion verändert sich die Differenz nicht: Die Differenz ist konstant.

$12 - 7 = 5$
$10 - 5 = 5$ $\quad (12 - 2) - (7 - 2)$
$8 - 3 = 5$
$6 - 1 = 5$

Außerdem ist es wichtig, folgende Aufgaben zu kennen, um die beste Lösungsstrategie anwenden zu können:

- Tauschaufgaben
- Umkehraufgaben
- Nachbaraufgaben
- Nullaufgaben
- Analogieaufgaben
- Invarianzaufgaben

Umkehraufgaben werden häufig als Probeaufgaben zur Überprüfung von Ergebnissen benutzt.

Tauschaufgaben

Da bei der Addition das Vertauschungsgesetz (Kommutativgesetz) gilt, kann die Reihenfolge der einzelnen Summanden vertauscht werden, um schneller und sicherer addieren zu können. Die Summe bleibt dabei gleich.

Aufgabe: 7 + 23 = □ Tauschaufgabe: 23 + 7 = □

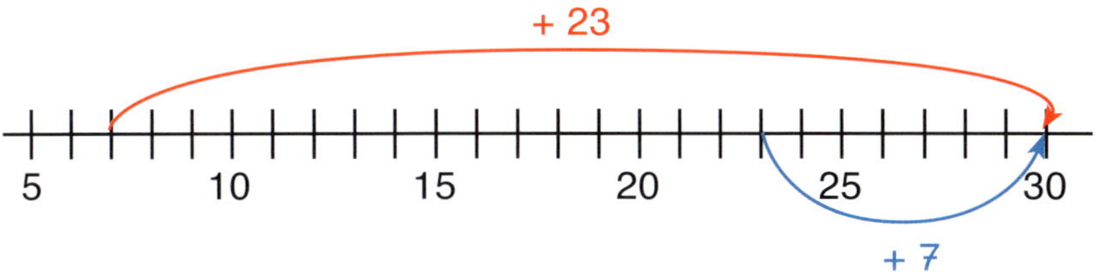

Umkehraufgaben

Die Umkehraufgabe zu einer Additionsaufgabe ist die entsprechende Subtraktionsaufgabe und umgekehrt.

	Aufgabe:	Umkehraufgabe:
Addition:	8 + 5 = 13	13 – 5 = 8
Subtraktion:	16 – 7 = 9	9 + 7 = 16

Das Bilden von Umkehraufgaben ist eine besonders sinnvolle Rechenstrategie bei **Platzhalteraufgaben.**

Aufgabe:	9 + □ = 13	
Tauschaufgabe:	□ + 9 = 13	Umkehraufgabe: 13 – 9 = □
Aufgabe:	□ + 4 = 13	Umkehraufgabe: 13 – 4 = □

Addition und Subtraktion

Nachbaraufgaben

Eine Nachbaraufgabe entsteht, indem bei der Addition einer der Summanden um eins vergrößert (+ 1) oder um eins vermindert (– 1) wird.

	Aufgabe:	Nachbaraufgaben:
Addition:	6 + 9 = □	5 + 9 = □
		7 + 9 = □
		6 + 10 = □
		6 + 8 = □

Eine Nachbaraufgabe entsteht, indem bei der Subtraktion der Minuend oder der Subtrahend um eins vergrößert (+ 1) oder um eins vermindert (– 1) wird.

	Aufgabe:	Nachbaraufgaben:
Subtraktion:	12 – 5 = □	12 – 4 = □
		12 – 6 = □
		11 – 5 = □
		13 – 5 = □

Zu jeder Aufgabe gehören vier Nachbaraufgaben.

Nullaufgaben

Bei Nullaufgaben ist das Ergebnis, ein Summand oder mehrere Summanden oder der Subtrahend gleich null.

3 + 0 = □	0 + 2 = □	0 + 0 = □	8 – 0 = □
8 – 8 = □	0 – 0 = □		

Nullaufgaben sind besonders leicht zu lösen.
0 + 27 = 27, 27 + 0 = 27, 27 – 0 = 27, 27 – 27 = 0

Analogieaufgaben

Analogieaufgaben sind Aufgaben, die durch Ableitung von einfacheren Aufgaben gelöst werden können.

23 + 6 = □   3 + 6 = 9, also ist 23 + 6 = 29

Das Zurückführen auf die einfachere Aufgabe bietet sich insbesondere bei Aufgaben mit gemischten Zehnern ohne Zehnerüberschreitung an.

40 + 20 = □   4 + 2 = 6, also ist 40 + 20 = 60
700 + 500 = □   7 + 5 = 12, also ist 700 + 500 = 1200

Invarianzaufgaben

Bei diesen Aufgaben bleibt das Ergebnis immer gleich (vgl. gegensinniges Verändern, Seite 61).

40 + 12 = □   59 – 12 = □
39 + 13 = □   60 – 13 = □
38 + 14 = □   61 – 14 = □

Spieltipp

Nachbarn finden

Material: Einspluseinstafel, Papier, Stift
In der Einspluseins-Tafel (vgl. Seite 58) eine Aufgabe auswählen, die Nachbaraufgaben dazu suchen und ausrechnen.

Aufgabe
Nachbaraufgabe

+	0	1	2	3	4	5	6	7	8	9	10
0	0 + 0	0 + 1	0 + 2	0 + 3	0 + 4	0 + 5	0 + 6	0 + 7	0 + 8	0 + 9	0 + 10
1	1 + 0	1 + 1	1 + 2	1 + 3	1 + 4	1 + 5	1 + 6	1 + 7	1 + 8	1 + 9	1 + 10
2	2 + 0	2 + 1	2 + 2	2 + 3	2 + 4	2 + 5	2 + 6	2 + 7	2 + 8	2 + 9	2 + 10
3	3 + 0	3 + 1	3 + 2	3 + 3	3 + 4	3 + 5	3 + 6	3 + 7	3 + 8	3 + 9	3 + 10
4	4 + 0	4 + 1	4 + 2	4 + 3	4 + 4	4 + 5	4 + 6	4 + 7	4 + 8	4 + 9	4 + 10
5	5 + 0	5 + 1	5 + 2	5 + 3	5 + 4	5 + 5	5 + 6	5 + 7	5 + 8	5 + 9	5 + 10
6	6 + 0	6 + 1	6 + 2	6 + 3	6 + 4	6 + 5	6 + 6	6 + 7	6 + 8	6 + 9	6 + 10
7	7 + 0	7 + 1	7 + 2	7 + 3	7 + 4	7 + 5	7 + 6	7 + 7	7 + 8	7 + 9	7 + 10
8	8 + 0	8 + 1	8 + 2	8 + 3	8 + 4	8 + 5	8 + 6	8 + 7	8 + 8	8 + 9	8 + 10
9	9 + 0	9 + 1	9 + 2	9 + 3	9 + 4	9 + 5	9 + 6	9 + 7	9 + 8	9 + 9	9 + 10
10	10 + 0	10 + 1	10 + 2	10 + 3	10 + 4	10 + 5	10 + 6	10 + 7	10 + 8	10 + 9	10 + 10

Strategien zum Zehnerübergang

Es gibt verschiedene Möglichkeiten, den Zehner zu überschreiten.

1. Zählendes Rechnen (vgl. Zählstrategien, Seite 57):
Das Ergebnis wird durch Weiterzählen ermittelt.

Bei der **Addition** durch Vorwärtszählen:

8 + 6 = □

Bei der **Subtraktion** durch Rückwärtszählen:

14 − 6 = □

2. Zerlegungsstrategie zum vollen Zehner:

Addition:

8 + 6 = [8 + 2] + 4 = [10] + 4 = 14

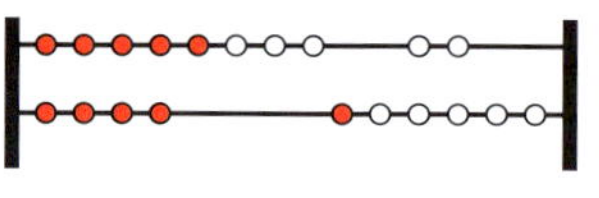

8 + 2 + 4 = 14

Subtraktion:

14 − 6 = 14 − 4 − 2 = 10 − 2 = 8

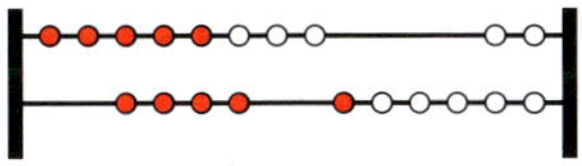

14 − 4 − 2 = 8

3. Strategie des Verdoppelns:

Addition: 8 + 6 = □

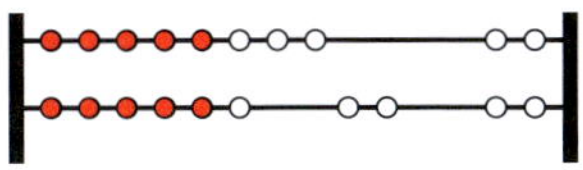

8 + 8 − 2 = 14

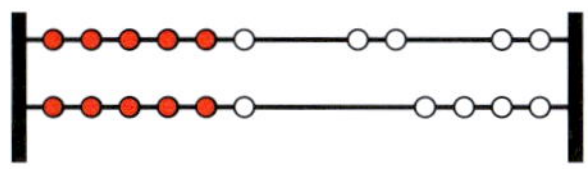

6 + 6 + 2 = 14

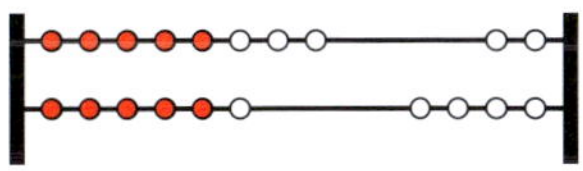

5 + 5 + 3 + 1 = 14

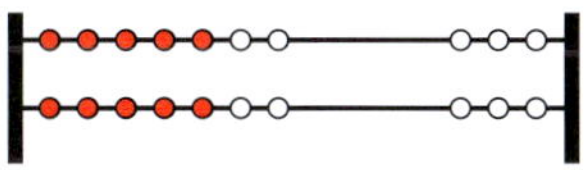

7 + 7 = 14

4. Lösen am Rechenstrich:

Addition: 8 + 9 = □   8 + 10 − 1 = 17

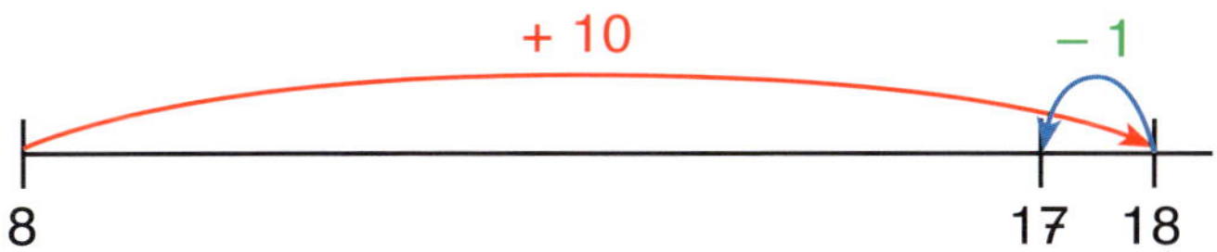

Subtraktion: 17 − 9 = □   17 − 7 − 2 = 8

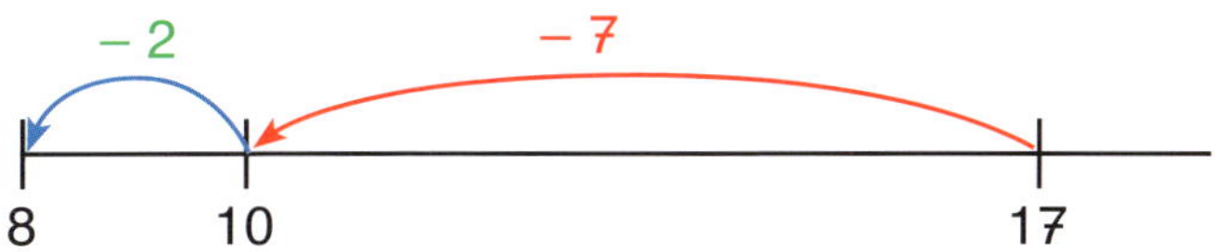

Halbschriftliche Addition und Subtraktion

Bei den halbschriftlichen Rechenverfahren stehen verschiedene Lösungswege zur Verfügung.
Es gibt unterschiedliche Methoden (z. B. schrittweises Rechnen, Anwendung von Rechenstrategien, Ergänzungsverfahren) und verschiedene Notationsformen.

Schrittweises Rechnen

Möglichkeit 1:
Die zweite Zahl (den zweiten Summanden oder den Subtrahenden) in Zehner und Einer zerlegen, zuerst die Zehner, dann die Einer rechnen.

63 + 29 = □	93 – 38 = □
63 + 20 = 83	93 – 30 = 63
83 + 9 = 92	63 – 8 = 55
63 + 29 = 92	93 – 38 = 55

Kurzform:

63 + 29 = 63 + 20 + 9 = 92   93 – 38 = 93 – 30 – 8 = 55

Möglichkeit 2:
Siehe Möglichkeit 1, aber zuerst die Einer, dann die Zehner rechnen.

63 + 29 = □	93 – 38 = □
63 + 9 = 72	93 – 8 = 85
72 + 20 = 92	85 – 30 = 55
63 + 29 = 92	93 – 38 = 55

Kurzform:

63 + 29 = 63 + 9 + 20 = 92   93 – 38 = 93 – 8 – 30 = 55

Möglichkeit 3:
Alle Zahlen in Zehner und Einer zerlegen.

$$63 + 29 = \square$$
$$60 + 20 = 80$$
$$3 + 9 = 12$$
$$63 + 29 = 92$$

Bei der Subtraktion kann diese Form nicht immer angewendet werden: Wenn die Einerstelle des Minuenden kleiner ist als die Einerstelle des Subtrahenden, ist die Aufgabe nicht lösbar (z. B. 3 – 8).

Kurzform:

$$63 + 29 = 60 + 20 + 3 + 9 = 92$$

Möglichkeit 4:
Zum nächsten vollen Zehner rechnen. Dabei muss das Rechenzeichen beachtet werden. Dann mit der Differenz zur zweiten Zahl weiterrechnen.

$$63 + 29 = \square$$
$$63 + 7 = 70$$
$$70 + 22 = 92$$
$$63 + 29 = 92$$

$$93 - 38 = \square$$
$$93 - 3 = 90$$
$$90 - 35 = 55$$
$$93 - 38 = 55$$

Kurzform:

$$63 + 29 = 63 + 7 + 22 = 92 \quad 93 - 38 = 93 - 3 - 35 = 55$$

Die **Notationsform** ist die Form, wie etwas aufgeschrieben (notiert) wird.

Anwendung von Rechenstrategien

Wenn eine Zahl in der Nähe von vollen Zehnern liegt, ist es einfacher, zunächst mit vollen Zehnern zu rechnen.

Möglichkeit 1:

$63 + 29 = \square$

$63 + 30 = 93$ da $29 = 30 - 1$

$93 - 1 = 92$

$93 - 38 = \square$

$93 - 40 = 53$ da $38 = 40 - 2$

$53 + 2 = 55$

Kurzform:

$63 + 29 = 63 + 30 - 1 = 92$

$93 - 38 = 93 - 40 + 2 = 55$

Möglichkeit 2:

$63 + 29 = 60 + 30 + 2 = 92$

$93 - 38 = 90 - 38 + 3 = 55$

$(3 - 1)$

Ergänzungsverfahren

$93 - 38 = \square$

$38 + \square = 93$

$38 + 2 = 40$

$40 + 53 = 93$

$38 + 55 = 93$

$93 - 38 = 55$

Vor dem Rechnen zuerst nachdenken, welche Rechenstrategie vorteilhaft ist. Dann erst rechnen und das Ergebnis durch Überschlagen (vgl. Seite 101 und Seite 113) kontrollieren.

Diese Rechenverfahren lassen sich genauso bei **Zahlen über 100** anwenden. Es kommen nur weitere Schritte hinzu.

Schrittweises Rechnen

Möglichkeit 1:
Die zweite Zahl (den zweiten Summanden oder den Subtrahenden) in Hunderter, Zehner und Einer zerlegen, zuerst die Hunderter, dann die Zehner, dann die Einer rechnen.

463 + 329 = $\square$
463 + 300 = 763
763 + 20 = 783
783 + 9 = 792
463 + 329 = 792

893 − 438 = $\square$
893 − 400 = 493
493 − 30 = 463
463 − 8 = 455
893 − 438 = 455

Kurzform:

463 + 329 =
463 + 300 + 20 + 9 =
763 + 20 + 9 =
792

893 − 438 =
893 − 400 − 30 − 8 =
493 − 30 − 8 =
455

Rechenrahmen, Hundertertafel, Tausenderbuch oder -streifen, Mehrsystemblöcke, Zahlenstrahl und Rechenstrich sind Arbeitsmittel, die beim Rechnen helfen können.

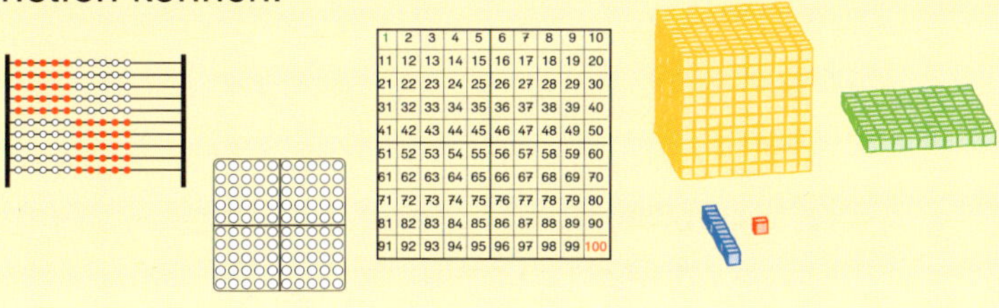

Schriftliche Addition ohne Zehnerüberschreitung

Die schriftliche Addition ist ein Rechenverfahren, um schnell und sicher Additionsaufgaben ausführen zu können:
Bei der schriftlichen Addition sind beide Rechenrichtungen (von oben nach unten oder von unten nach oben) richtig.
Gebräuchlicher ist das Rechnen von unten nach oben.

452 + 317 = □

Notation

Schritt 1

	H	Z	E
	4	5	2
+	3	1	7

Handlungen

Summanden darstellen

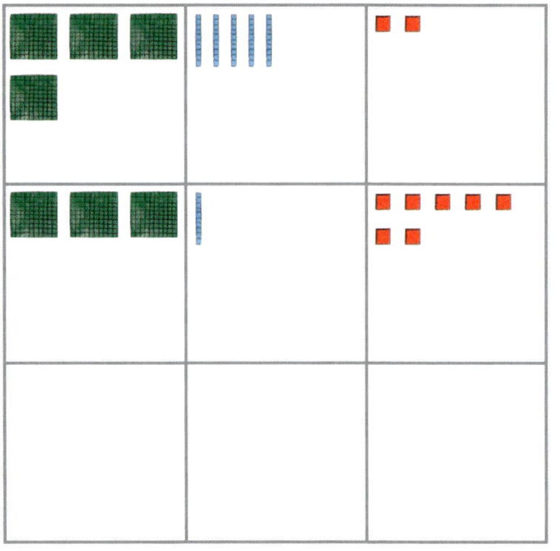

Es können beliebig viele Zahlen untereinander geschrieben und auf einmal addiert werden.

Notation

Schritt 2

Handlungen

Die Einer addieren

	H	Z	E
	4	5	2
+	3	1	7
			9

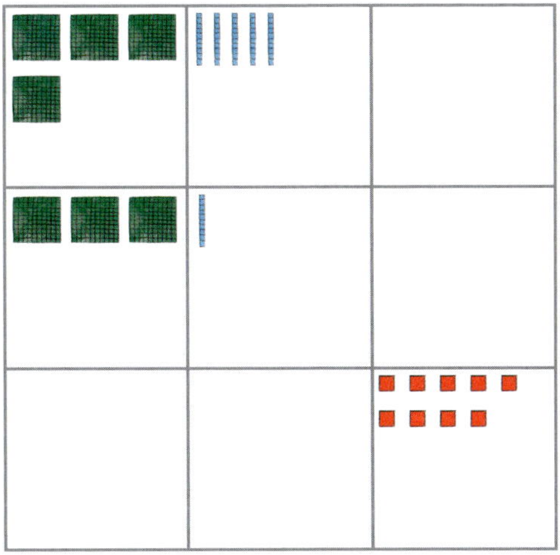

Sprechweise:

2 E plus 7 E gleich 9 E

oder:

7 E plus 2 E gleich 9 E

Schritt 3

Die Zehner addieren

	H	Z	E
	4	5	2
+	3	1	7
		6	9

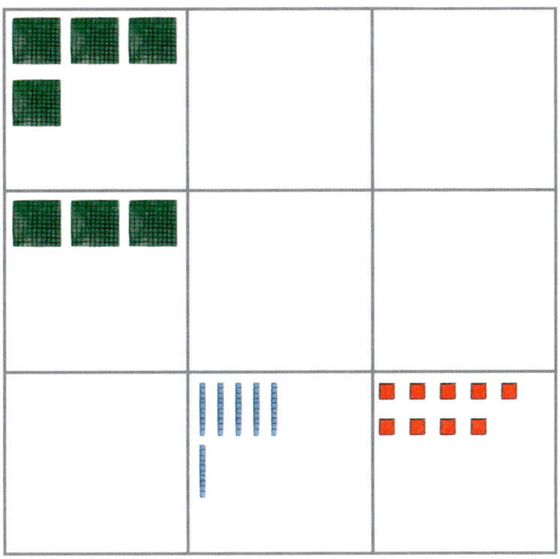

Sprechweise:

5 Z plus 1 Z gleich 6 Z

oder:

1 Z plus 5 Z gleich 6 Z

Notation

Schritt 4

	H	Z	E
	4	5	2
+	3	1	7
	7	6	9

Sprechweise:

4 H plus 3 H gleich 7 H

oder:

3 H plus 4 H gleich 7 H

Handlungen

Die Hunderter addieren

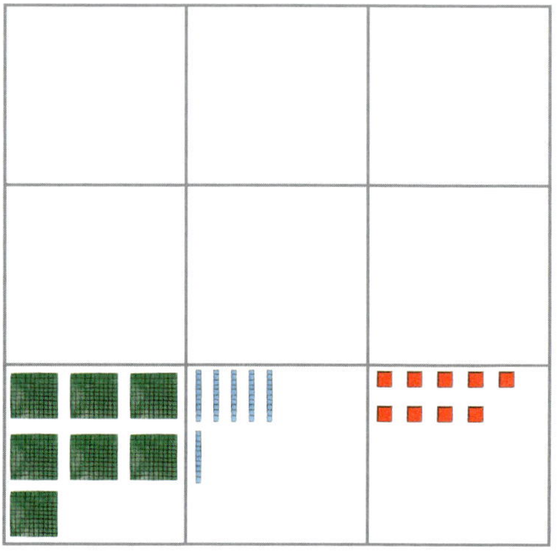

Verkürzte Schreib- und Sprechweise:

	4	5	2
+	3	1	7
	7	6	9

Sprechweisen

von oben nach unten:

2 plus 7 gleich 9 (schreibe 9)

5 plus 1 gleich 6 (schreibe 6)

4 plus 3 gleich 7 (schreibe 7)

von unten nach oben:

7 plus 2 gleich 9 (schreibe 9)

1 plus 5 gleich 6 (schreibe 6)

3 plus 4 gleich 7 (schreibe 7)

Schriftliches Addieren beginnt an der Einerstelle. Die Summanden werden stellengerecht (von rechts nach links) addiert.

Schriftliche Addition mit Zehnerüberschreitung

453 + 379 = □

Notation

Schritt 1

	H	Z	E
	4	5	3
+	3	7	9

Handlungen

Summanden untereinander notieren

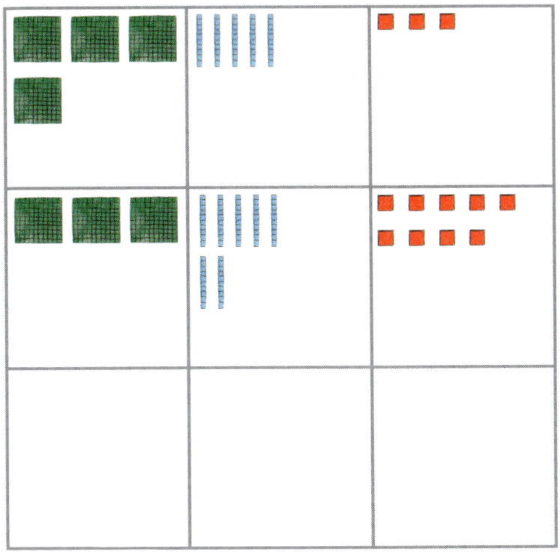

Schritt 2

	H	Z	E
	4	5	3
+	3	7_1	9
			2

Die Einer addieren und bündeln

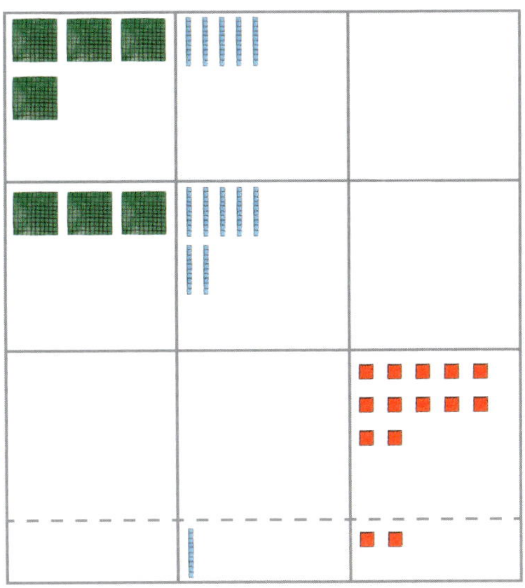

Sprechweise:

3 E plus 9 E gleich 12 E;

12 E gleich 1 Z und 2 E

oder:

9 E plus 3 E gleich 12 E;

12 E gleich 1 Z und 2 E

Notation

Schritt 3

	H	Z	E
	4	5	3
+	3_1	7_1	9
		3	2

Sprechweise:
5 Z plus 7 Z plus 1 Z
gleich 13 Z;
13 Z gleich 1 H und 3 Z
oder:
7 Z plus 5 Z plus 1 Z
gleich 13 Z;
13 Z gleich 1 H und 3 Z

Handlungen

Die Zehner addieren und bündeln

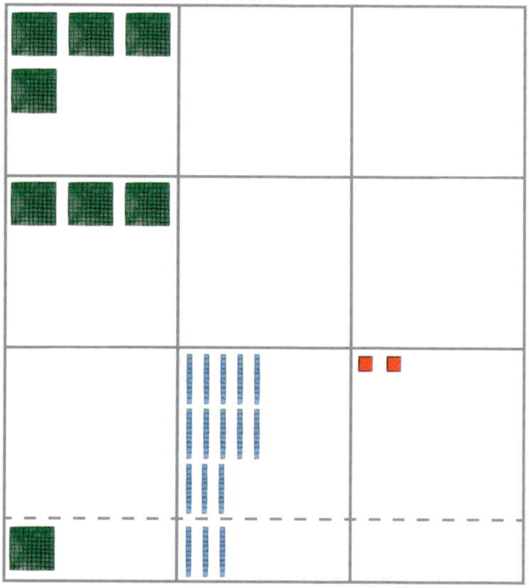

Schritt 4

	H	Z	E
	4	5	3
+	3_1	7_1	9
	8	3	2

Sprechweise:
4 H plus 3 H plus 1 H
gleich 8 H
oder:
3 H plus 4 H plus 1 H
gleich 8 H

Die Hunderter addieren

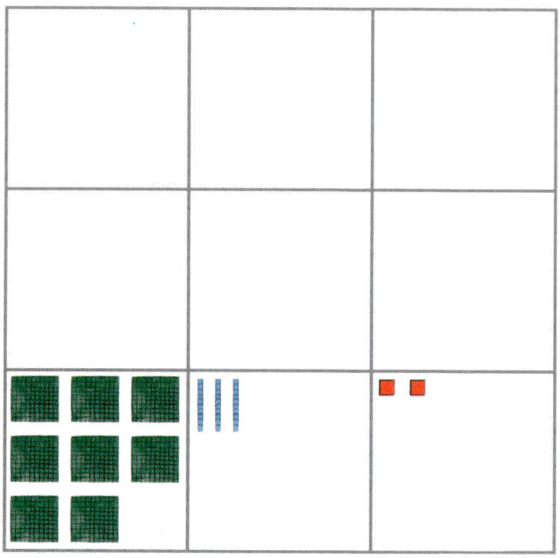

Verkürzte Schreib- und Sprechweise:

	4	5	3
+	3$_1$	~~7~~$_1$	9
	8	3	2

($_1$) Das wird Übertrag genannt.

Sprechweisen

von oben nach unten:
3 plus 9 gleich 12 (schreibe 2, übertrage 1); 5 plus ~~7~~ plus 1 gleich 13 (schreibe 3, übertrage 1); 4 plus 3 plus 1 gleich 8 (schreibe 8)

von unten nach oben:
9 plus 3 gleich 12 (schreibe 2, übertrage 1); 1 plus ~~7~~ plus 5 gleich 13 (schreibe 3, übertrage 1); 1 plus 3 plus 4 gleich 8 (schreibe 8)

Addieren und Subtrahieren mit Kommazahlen findet sich im Kapitel Größen (vgl. Seiten 118, 124, 130, 136).

Wenn beim schriftlichen Addieren das Ergebnis eines Stellenwertes gleich oder größer als 10 ist, dann kommt es zu einem **Übertrag** in den nächsthöheren Stellenwert. Der **Übertrag** wird direkt neben oder unter die Ziffer geschrieben.

Spiel-tipp

Wer hat das höchste Ergebnis?

Mit mindestens drei Würfeln würfeln. Aus den drei gewürfelten Ziffern zwei oder mehr Zahlen bilden, diese untereinander schreiben und schriftlich addieren.

$$\begin{array}{r} 345 \\ 435 \\ +\ 543 \\ \hline \end{array}$$

Schriftliche Subtraktion ohne Zehnerüberschreitung

Die schriftliche Subtraktion ist ein Rechenverfahren, um schnell und sicher Subtraktionsaufgaben ausführen zu können.
Bei der schriftlichen Subtraktion gibt es zwei Verfahren: Abziehen (Minus-Sprechweise) oder Ergänzen (Plus-Sprechweise).

698 – 247 = □

Notation

Schritt 1

	H	Z	E
	6	9	8
–	2	4	7

Handlungen

Minuenden und Subtrahenden darstellen

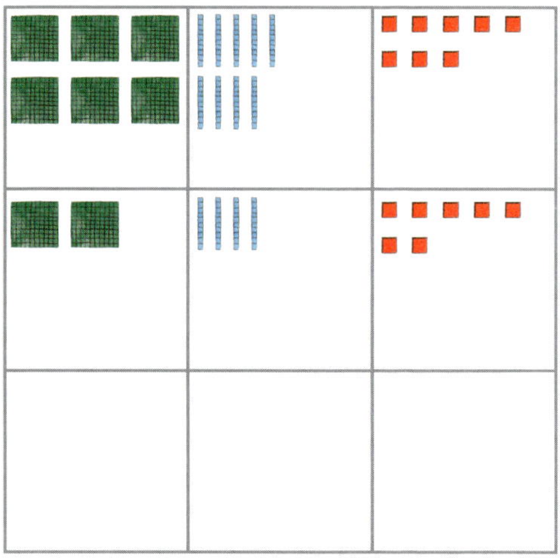

Schriftliches Subtrahieren beginnt an der Einerstelle. Der Subtrahend wird stellengerecht (von rechts nach links) vom Minuenden subtrahiert.

Notation

Schritt 2

	H	Z	E
	6	9	8
–	2	4	7
			1

Sprechweise:
7 E plus 1 E gleich 8 E
oder:
8 E minus 7 E
gleich 1 E

Handlungen

Die Einer subtrahieren

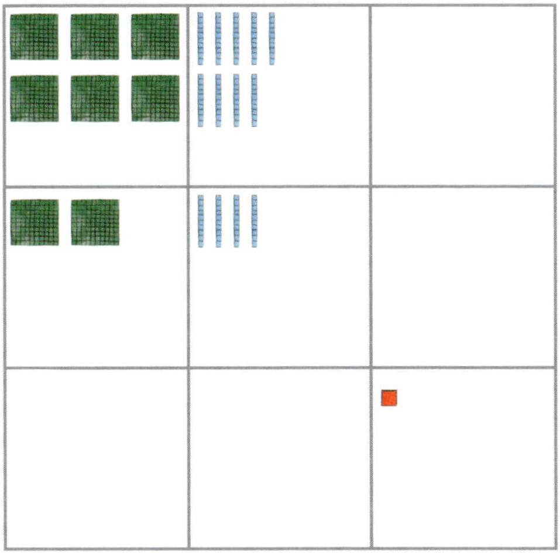

Schritt 3

	H	Z	E
	6	9	8
–	2	4	7
		5	1

Sprechweise:
4 Z plus 5 Z gleich 9 Z
oder:
9 Z minus 4 Z
gleich 5 Z

Die Zehner subtrahieren

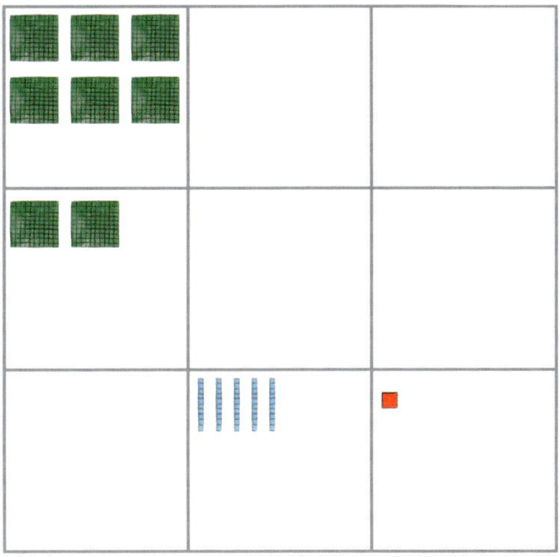

Notation

Schritt 4

	H	Z	E
	6	9	8
–	2	4	7
	4	5	1

Sprechweise:
2 H plus 4 H gleich 6 H
oder:
6 H minus 2 H
gleich 4 H

Handlungen

Berechnen der Hunderter

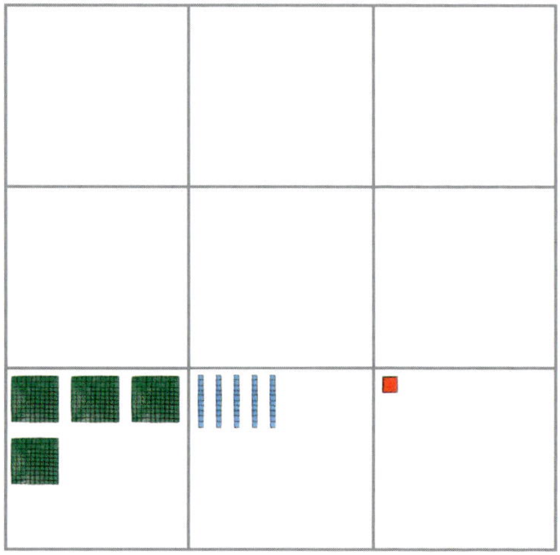

Verkürzte Schreib- und Sprechweise:

	6	9	8
–	2	4	7
	4	5	1

Sprechweise:

Ergänzungsverfahren:
7 plus 1 gleich 8 (schreibe 1)
4 plus 5 gleich 9 (schreibe 5)
2 plus 4 gleich 6 (schreibe 4)

Abziehverfahren:
8 minus 7 gleich 1 (schreibe 1)
9 minus 4 gleich 5 (schreibe 5)
6 minus 2 gleich 4 (schreibe 4)

Es wird immer nur ein Subtrahend von einem Minuenden subtrahiert.

Schriftliche Subtraktion mit Zehnerüberschreitung

924 – 576 = □

Notation

Schritt 1

Handlungen

Den Minuenden und Subtrahenden darstellen

	H	Z	E
	9	2	4
–	5	7	6

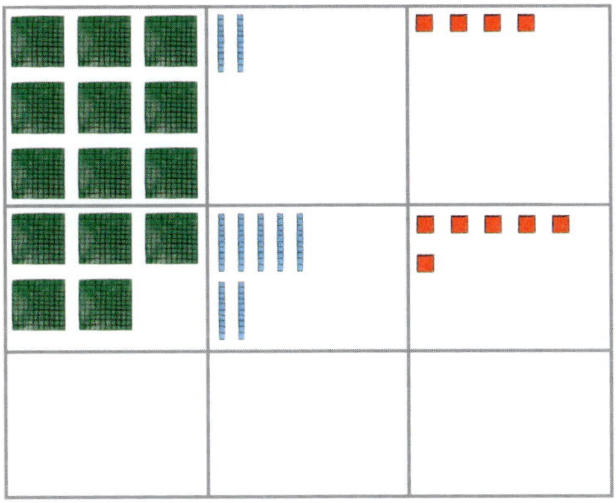

Schritt 2

Die Einer subtrahieren und entbündeln (wechseln)

	H	Z	E
	9	2	4
–	5	7_1	6
			8

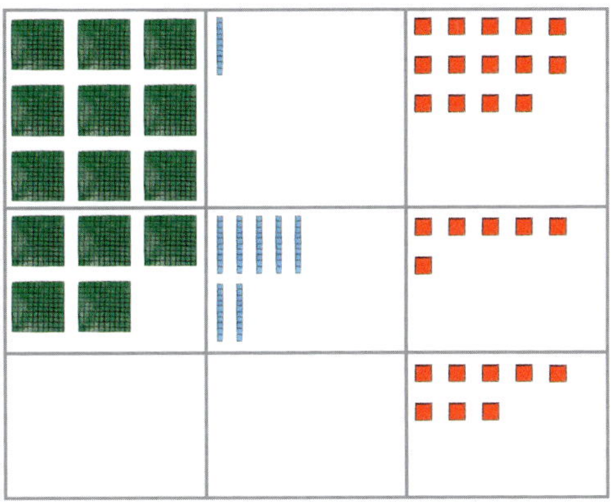

Sprechweise:

6 E plus □ E gleich 4 E, geht nicht; 1 Z in 10 E wechseln; 6 E plus 8 E gleich 14 E oder:

4 E minus 6 E, geht nicht; 1 Z in 10 E entbündeln; 14 E minus 6 E gleich 8 E

Notation

Schritt 3

Handlungen

Die Zehner subtrahieren

entbündeln (wechseln)

	H	Z	E
	9	2	4
–	5_1	7_1	6
		4	8

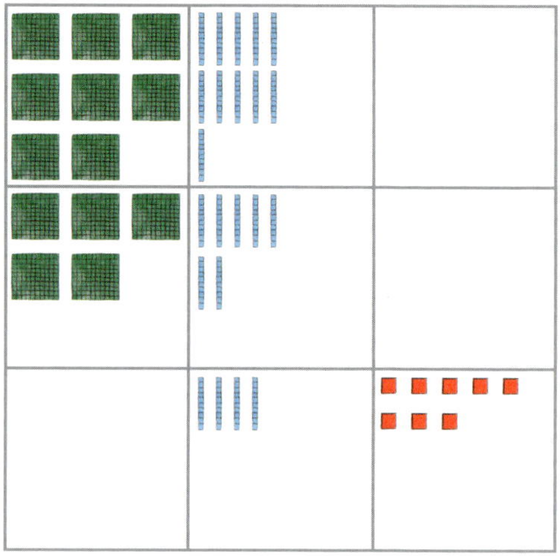

Sprechweise:

1 Z plus 7 Z plus □ Z gleich 2 Z, geht nicht; 1 H in 10 Z wechseln; 1 Z plus 7 Z plus 4 Z gleich 12 Z

oder:

1 Z minus 7 Z, geht nicht; 1 H in 10 Z entbündeln; 11 Z minus 7 Z gleich 4 Z

Schritt 4

Die Hunderter subtrahieren

	H	Z	E
	9	2	4
–	5_1	7_1	6
	3	4	8

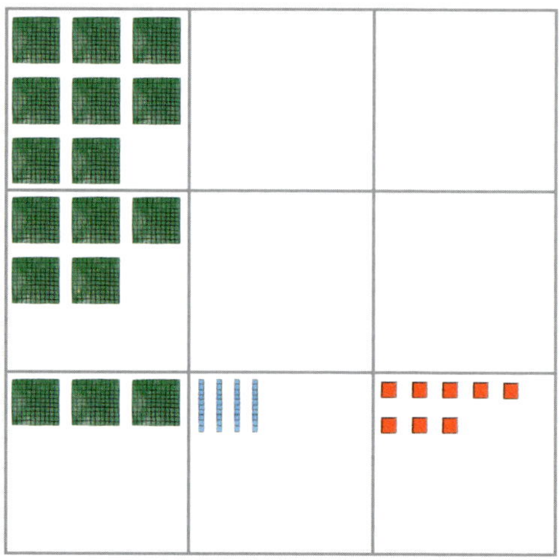

Sprechweise:

1 H plus 5 H plus 3 H gleich 9 H;

oder:

8 H minus 5 H gleich 3 H

Verkürzte Schreib- und Sprechweise:

	9	2	4
–	5_1	7_1	6
	3	4	8

(1) Das wird Übertrag genannt.

Sprechweisen:

Ergänzen:
6 plus 8 gleich 14 (schreibe 8 übertrage 1); 1 plus 7 plus 4 gleich 12 (schreibe 4, übertrage 1); 1 plus 5 plus 3 gleich 9 (schreibe 3)

Abziehen:
Entbündele 1 Z.
14 minus 6 gleich 8.
Entbündele 1 H.
11 minus 7 gleich 4.
8 minus 5 gleich 3.

Das Thema Addieren und Subtrahieren mit Kommazahlen findet sich im Kapitel Größen.

Wenn beim schriftlichen Subtrahieren ein Stellenwert des Minuenden kleiner ist als der des Subtrahenden, dann muss der nächsthöhere Stellenwert entbündelt werden, d. h., es wird ein Übertrag gemacht. Er wird direkt neben oder unter die Ziffer geschrieben.

Spiel-tipp

Wer findet das kleinste Ergebnis?

Material: Ziffernkärtchen, Papier, Stift
Zunächst Ziffernkärtchen von 0 bis 9 schreiben. Mindestens drei Kärtchen auswählen und damit die höchste bzw. die niedrigste Zahl bilden. Die beiden Zahlen subtrahieren.

Multiplikation

1 2 4 3

Der Begriff **Multiplizieren** beschreibt viele Handlungen in Sachsituationen, wie z. B. vervielfachen und verdoppeln. Die Multiplikation ist eine Verkürzung der Addition. Dahinter steht die mehrfache Addition gleicher Summanden. Statt 6 + 6 + 6 auszurechnen, wird die Anzahl der Summanden gezählt und zu einer kürzeren Aufgabe zusammengefasst: 3 · 6.

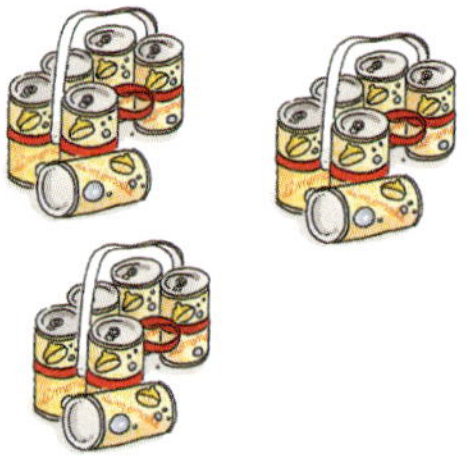

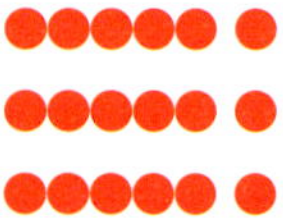

Notationsform:
Addition: 6 + 6 + 6 = 18
Multiplikation: 3 · 6 = 18

Kombinatorischer Aspekt

Unter diesem Aspekt werden alle möglichen Kombinationen (das Kreuzprodukt) zwischen den Elementen von zwei Mengen bestimmt.

Max hat 2 Fußballshorts und 4 Trikots.
Wie viele Möglichkeiten gibt es, die Kleidungsstücke miteinander zu kombinieren?

Notationsform:

Addition: 4 + 4 = 8

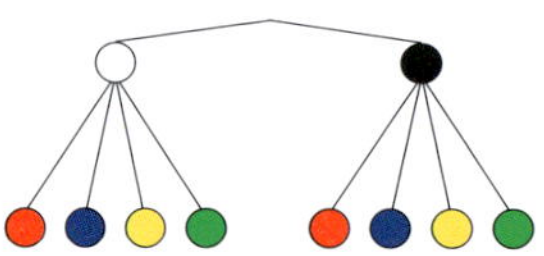

Multiplikation: 2 · 4 = 8

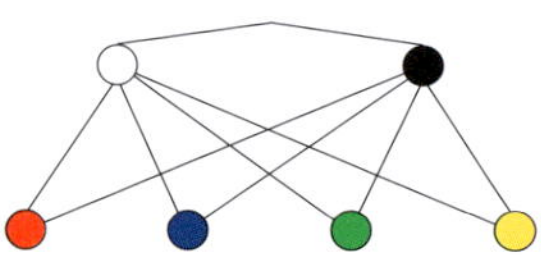

Sprechweise bei der **Multiplikation:** 2 · 4 = 8
zwei mal vier gleich acht.

Jede Multiplikationsaufgabe ist lösbar.

Bei der Multiplikation gelten drei **Rechengesetze.**

1. Vertauschungsgesetz (Kommutativgesetz):
Die Faktoren dürfen vertauscht werden. Das Produkt bleibt immer gleich.

$5 \cdot 4 = 20$ $4 \cdot 5 = 20$

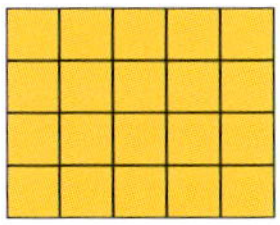

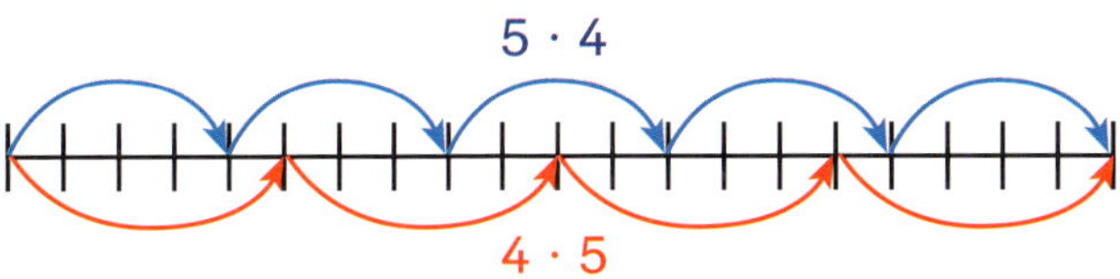

Wer findet die meisten Multiplikationsaufgaben?

Material: Verpackungen, Stift, Papier
Verpackungen u. Ä. aufspüren, bei denen Einmaleinsaufgaben entdeckt werden können, diese aufschreiben und lösen:
- Klopapierrollen,
- Trinkpäckchen,
- Schokoladentafel ...

Spieltipp

2. Zusammenfassungsgesetz oder Verbindungsgesetz (Assoziativgesetz):
Besteht eine Multiplikation aus mehr als zwei Faktoren, dann können diese beliebig zusammengefasst werden.

$3 \cdot 5 \cdot 2 = 30$ $\quad (3 \cdot 5) \cdot 2 = 30$ $\quad 3 \cdot (5 \cdot 2) = 30$

3. Verteilungsgesetz oder Zerlegungsgesetz (Distributivgesetz):
Bei einer Multiplikation kann die Aufgabe so zerlegt werden, dass sie auf bekannte Aufgaben der kleinen oder großen Einmaleinsreihen zurückgeführt werden kann.

$6 \cdot 4 = 24$

$5 \cdot 4 + 1 \cdot 4 = 24$ $\quad 6 \cdot 2 + 6 \cdot 2 = 24$

Es ist also egal, welcher Faktor zerlegt wird, der Wert des Produktes ändert sich nicht.

Punktrechnung kommt vor Strichrechnung.
Kommen in einer Aufgabe die Rechenzeichen +, – und ·, : vor, dann müssen erst die Multiplikation und die Division ausgeführt werden, bevor addiert oder subtrahiert wird. Diese Regel kann nur durch das Setzen von Klammern aufgehoben werden:
$3 \cdot 4 + 5 = 12 + 5 = 17$, aber: $3 \cdot (4 + 5) = 3 \cdot 9 = 27$

Multiplikationsaufgaben können auf vielfältige Weise gelöst werden:

– über die fortgesetzte Addition,
– über das Aufsagen der Einmaleinsreihe oder
– über das Zurückführen auf bekannte Einmaleinsaufgaben (Kernaufgaben oder Königsaufgaben und Quadrataufgaben).

Fortgesetzte Addition

$6 \cdot 7 = \square \rightarrow 7 + 7 + 7 + 7 + 7 + 7 = 42$

Aufsagen der Einmaleinsreihe

$6 \cdot 7 = \square \rightarrow 7, 14, 21, 28, 35, 42$

Zurückführen auf bekannte Einmaleinsaufgaben

– Über **Kernaufgaben:** $6 \cdot 7 = 5 \cdot 7 + 1 \cdot 7 = 42$
Kernaufgaben sind alle Multiplikationsaufgaben mit dem Faktor 1, 2, 5 oder 10.

$1 \cdot \square = \square$ $\quad 2 \cdot \square = \square$ $\quad 5 \cdot \square = \square$ $\quad 10 \cdot \square = \square$

– Über **Quadrataufgaben**: $6 \cdot 7 = 7 \cdot 7 - 1 \cdot 7 = 42$
Quadrataufgaben sind alle Multiplikationsaufgaben mit zwei gleichen Faktoren:

$\boxed{1 \cdot 1}$ $\boxed{2 \cdot 2}$ $\boxed{3 \cdot 3}$ $\boxed{4 \cdot 4}$ …

Außerdem können bekannte Strategien der Addition und Subtraktion wie Verdoppeln/Halbieren, Zerlegen/Zusammensetzen, Nachbaraufgabe oder Tauschaufgaben bilden angewendet werden (vgl. Seiten 64, 63).

Multiplikation

Alle Aufgaben des kleinen Einmaleins sind in dieser **Einmaleins-Tafel** zu finden.

·	0	1	2	3	4	5	6	7	8	9	10
0	0 · 0	0 · 1	0 · 2	0 · 3	0 · 4	0 · 5	0 · 6	0 · 7	0 · 8	0 · 9	0 · 10
1	1 · 0	1 · 1	1 · 2	1 · 3	1 · 4	1 · 5	1 · 6	1 · 7	1 · 8	1 · 9	1 · 10
2	2 · 0	2 · 1	2 · 2	2 · 3	2 · 4	2 · 5	2 · 6	2 · 7	2 · 8	2 · 9	2 · 10
3	3 · 0	3 · 1	3 · 2	3 · 3	3 · 4	3 · 5	3 · 6	3 · 7	3 · 8	3 · 9	3 · 10
4	4 · 0	4 · 1	4 · 2	4 · 3	4 · 4	4 · 5	4 · 6	4 · 7	4 · 8	4 · 9	4 · 10
5	5 · 0	5 · 1	5 · 2	5 · 3	5 · 4	5 · 5	5 · 6	5 · 7	5 · 8	5 · 9	5 · 10
6	6 · 0	6 · 1	6 · 2	6 · 3	6 · 4	6 · 5	6 · 6	6 · 7	6 · 8	6 · 9	6 · 10
7	7 · 0	7 · 1	7 · 2	7 · 3	7 · 4	7 · 5	7 · 6	7 · 7	7 · 8	7 · 9	7 · 10
8	8 · 0	8 · 1	8 · 2	8 · 3	8 · 4	8 · 5	8 · 6	8 · 7	8 · 8	8 · 9	8 · 10
9	9 · 0	9 · 1	9 · 2	9 · 3	9 · 4	9 · 5	9 · 6	9 · 7	9 · 8	9 · 9	9 · 10
10	10 · 0	10 · 1	10 · 2	10 · 3	10 · 4	10 · 5	10 · 6	10 · 7	10 · 8	10 · 9	10 · 10

Nullaufgaben; Kern- oder Königsaufgaben
Quadrataufgaben

Aus den **Kernaufgaben** lassen sich alle anderen Aufgaben einer Einmaleinsreihe ableiten. Deshalb müssen nur die Kernaufgaben gelernt werden.

Die Kernaufgaben der Dreierreihe:

$\boxed{1 \cdot 3}$ $\boxed{2 \cdot 3}$ $\boxed{5 \cdot 3}$ $\boxed{10 \cdot 3}$

$3 \cdot 3 = \boxed{2 \cdot 3} + \boxed{1 \cdot 3}$

$4 \cdot 3 = \boxed{2 \cdot 3} + \boxed{2 \cdot 3}$ oder $\boxed{5 \cdot 3} - \boxed{1 \cdot 3}$

$6 \cdot 3 = \boxed{5 \cdot 3} + \boxed{1 \cdot 3}$ oder $\boxed{3 \cdot 3} + \boxed{3 \cdot 3}$

$7 \cdot 3 = \boxed{5 \cdot 3} + \boxed{2 \cdot 3}$

$8 \cdot 3 = \boxed{4 \cdot 3} + \boxed{4 \cdot 3}$ oder $\boxed{10 \cdot 3} - \boxed{2 \cdot 3}$

$9 \cdot 3 = \boxed{10 \cdot 3} - \boxed{1 \cdot 3}$

Jede Einmaleinsreihe hat ihr eigenes Muster im **Zehnerkreis.**

Die Sechserreihe sieht so aus:

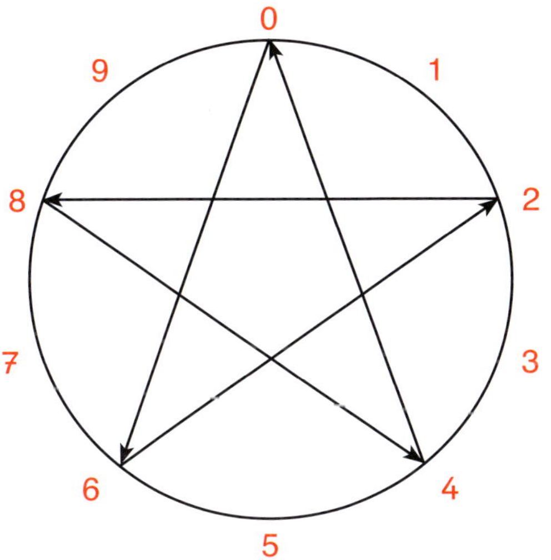

	Z	E
$1 \cdot 6 =$		6
$2 \cdot 6 =$	1	2
$3 \cdot 6 =$	1	8
$4 \cdot 6 =$	2	4
$5 \cdot 6 =$	3	0
$6 \cdot 6 =$	3	6
$7 \cdot 6 =$	4	2
$8 \cdot 6 =$	4	8
$9 \cdot 6 =$	5	4
$10 \cdot 6 =$	6	0

In einem Zehnerkreis werden immer nur die rot markierten Einerstellen berücksichtigt.

Ist bei einer Multiplikation ein Faktor gleich null, dann ist auch das Produkt gleich null.

Einen Zehnerspannkreis herstellen

Material: Holzbrett, Nägel oder Styropor, Nadeln und Wolle
Einen Zehnerkreis auf einem Holzbrett mit Nägeln oder auf einem Styroporbrett mit Nadeln herstellen. Zahlen von 0 bis 9 dazuschreiben. Dann die verschiedenen Einmaleinsreihen mit Fäden spannen.

Spiel-tipp

Multiplikation mit Zehnerzahlen

Es gibt verschiedene Möglichkeiten, um mit Zehnerzahlen zu multiplizieren.

1. Analogien anwenden:

Beispiel 1:

$5 \cdot 20 = 100$

$5 \cdot 2 = 10$

Beispiel 2:

$7 \cdot 20 = 140$

$7 \cdot 2 \cdot 10 = 140$

Beispiel 3:

$8 \cdot 40 = 320$ $\quad 40 \cdot 8 = 320$

$8 \cdot 4 = 32$ $\quad 4 \cdot 8 = 32$

Beispiel 4:

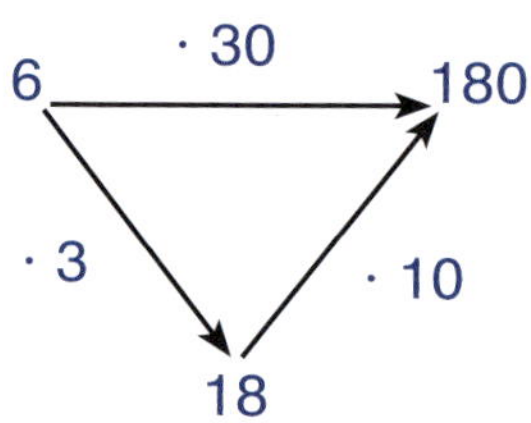

2. Multiplizieren mit Zehnern:

$2 \cdot 30 = 60$

$2 \cdot 3\,Z = 6\,Z = 60$

oder

$5 \cdot 60 = 300$

$5 \cdot 6\,Z = 30\,Z = 300$

Malnehmen mit Zehnerzahlen ist ganz einfach:
$1438 \cdot 10 = 14\,380$

3. Multiplizieren in der Stellenwerttafel:

Beispiel 1: Aus Einern werden Zehner.

H	Z	E
		3

$3 \cdot 10$

H	Z	E
	3	0

$3 \cdot 10 = 30$

Beispiel 2: Aus Zehnern werden Hunderter.

H	Z	E
	3	0
	1	4

$30 \cdot 10$
$14 \cdot 10$

H	Z	E
3	0	0
1	4	0

$30 \cdot 10 = 300$
$14 \cdot 10 = 140$

4. Einmaleinsreihen am Rechenstrich vergleichen:

Einmaleins der 6

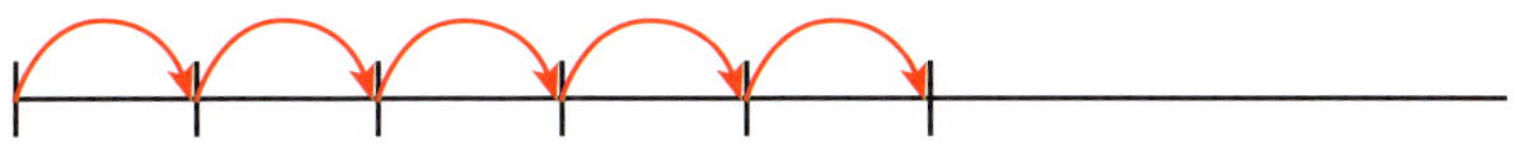

0 6 12 18 24 30

Einmaleins der 60

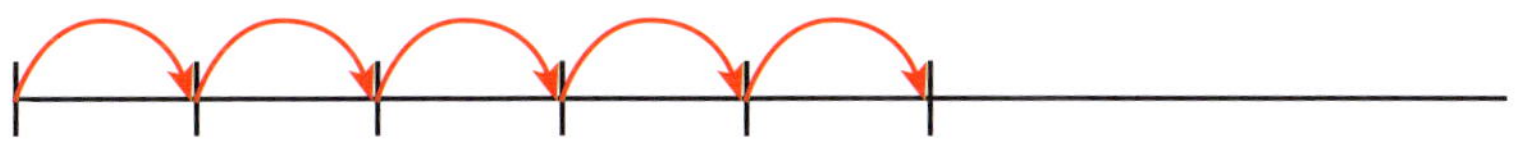

0 60 120 180 240 300

Zehnereinmaleins am Rechenstrich üben

Material: Stift, Papier
Rechenstriche zeichnen. Auf einen Rechenstrich die kleine Einmaleinsreihe und auf einen zweiten Rechenstrich die „Zehnfachreihe“ eintragen (z. B. Zweierreihe/Zwanzigerreihe).

Spieltipp

Halbschriftliche Multiplikation

Beim Multiplizieren mit mehrstelligen Faktoren kommt das Verteilungsgesetz (Distributivgesetz) zur Anwendung.

$7 \cdot 16 = \square$

Schritt 1: Zerlegen des zweiten Faktors in Zehner und Einer

$7 \cdot (10 + 6) = \square$

Schritt 2: Multiplizieren des ersten Faktors mit dem zweiten Faktor (Zehner und Einer)

$7 \cdot 10 + 7 \cdot 6 = 70 + 42$

Schritt 3: Die Teilergebnisse addieren

$70 + 42 = 112$

Notationsformen:

Es gibt zwei Möglichkeiten: Zunächst die Zehner und dann die Einer multiplizieren oder umgekehrt.

Möglichkeit 1:

$7 \cdot 16 =$	$\square$
$7 \cdot 10 =$	70
$7 \cdot 6 =$	42
$7 \cdot 16 =$	112

Möglichkeit 2:

$7 \cdot 16 =$	$\square$
$7 \cdot 6 =$	42
$7 \cdot 10 =$	70
$7 \cdot 16 =$	112

Möglichkeit 3: Malkreuz mit einstelligem Faktor

$7 \cdot 16$

·	10	6	
7	70	42	
			112

Malkreuz mit mehrstelligen Faktoren

$17 \cdot 16$

·	10	6	16
10	100	60	160
7	70	42	112
17	170	102	272

Schriftliche Multiplikation

Bei der schriftlichen Multiplikation wird schrittweise gerechnet.

Ist der **zweite Faktor einstellig**, wird so gerechnet:

```
THZE
←
8946 · 6
————————
 53676
```

Sprechweise:

6 · 6 = 36, schreibe 6, merke 3

6 · 4 = 24, 24 + 3 = 27, schreibe 7, merke 2

6 · 9 = 54, 54 + 2 = 56, schreibe 6, merke 5

6 · 8 = 48, 48 + 5 = 53, schreibe 53

Ist der **zweite Faktor zweistellig,** wird mit der höchsten Stelle des zweiten Faktors begonnen. Die Teilprodukte werden untereinander geschrieben und dann addiert.

```
364 · 27
————————
  728
  2548
     1
————————
  9828
```

Multiplizieren nach John Napier (Neper) (1550–1617)

John Neper hat Rechenstäbe entwickelt, die als Rechenhilfe für die Multiplikation und Division dienen.

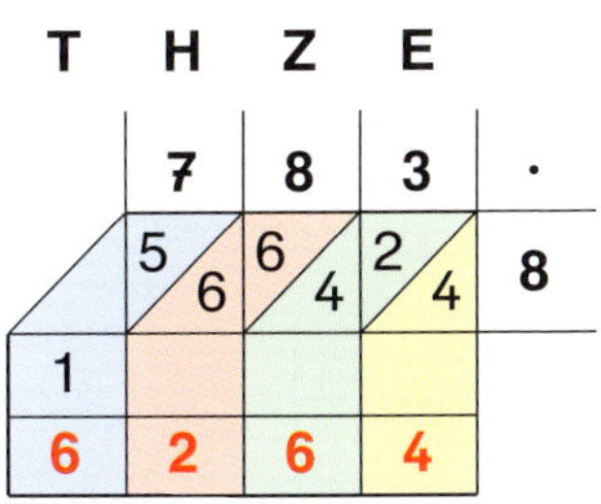

Rechenschritte:

Schritt 1: 8 · 3 = 24

Schritt 2: 8 · 8 = 64

Schritt 3: 8 · 7 = 56

Schritt 4: Die Zahlen in einer Farbe werden addiert wie bei der schriftlichen Addition.

Division

Der Begriff **Dividieren** beschreibt viele Handlungen in Sachsituationen, wie z. B. aufteilen, verteilen.
Es ist wichtig, den Zusammenhang zwischen Multiplikation und Division zu kennen: Die Division ist die **Umkehroperation der Multiplikation.**
Bei der Division wird ermittelt, wie oft eine Zahl (Divisor) in einer anderen Zahl enthalten ist (Dividend).

42 : 7 = 6

Manchmal lässt sich eine Menge nicht genau aufteilen oder verteilen. Es bleiben Elemente übrig: der **Rest.**

32 : 6 = 5 Rest 2, denn 5 · 6 + 2 = 32

Eine Division mit dem Divisor gleich null ist nicht lösbar.

Aufteilen

Die Elemente einer vorgegebenen Menge werden nach Vorgabe gebündelt. **Ermittelt wird die Anzahl der Bündel.**

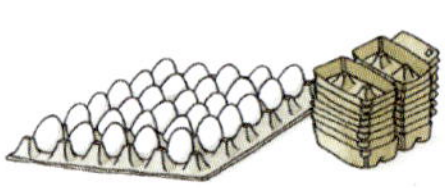

30 Eier sollen in Sechser-Eierkartons verpackt werden. Wie viele Kartons werden gebraucht?

Notationsform:
Fortgesetzte Subtraktion: 30 – 6 – 6 – 6 – 6 – 6 = 0

5 Eierkartons können gefüllt werden.

Division: 30 : 6 = 5, denn 5 · 6 = 30

Sprechweise bei der **Division:** 30 : 6 = 5
dreißig (geteilt) durch sechs gleich fünf.

Verteilen

Die Elemente einer vorgegebenen Menge werden auf eine vorgegebene Anzahl von Bündeln verteilt. **Ermittelt wird die Anzahl der Elemente in jedem Bündel.**

Aus 15 Comics sollen 3 gleich hohe Stapel gemacht werden.

Über die fortgesetzte Subtraktion kann diese Aufgabe nur verdeutlicht werden, indem von 15 (Menge der Steckwürfel) die 3 (Anzahl der Stapel (Türme)) so oft subtrahiert wird, bis kein Steckwürfel mehr übrig bleibt.

Notationsform:
Fortgesetzte Subtraktion: $15 - 3 - 3 - 3 - 3 - 3 = 0$

Auf jeden Stapel muss insgesamt fünfmal ein Comic verteilt werden.

Division: $15 : 3 = 5$, denn $3 \cdot 5 = 15$

Spieltipp

> **Karten verteilen**
>
> Material: Kartenspiel
> Mit einem Kartenspiel ausprobieren, an wie viele Mitspieler die Karten so verteilt werden können, dass alle gleich viele Karten haben und keine Karte übrig bleibt.

Division

Die Division als Umkehrung der Multiplikation
Jede Divisionsaufgabe kann aus der entsprechenden Multiplikationsaufgabe hergeleitet werden, da die Division die Umkehrung der Multiplikation ist.

$18 : 3 = \square$, denn $\square \cdot 3 = 18$
Die Umkehraufgabe heißt also: $\square \cdot 3 = 18$

Da bei der Multiplikation das Vertauschungsgesetz gilt, können die Faktoren auch vertauscht werden:

$3 \cdot \square = 18$

Besonders beim Kopfrechnen werden Divisionsaufgaben oft als Umkehraufgaben gerechnet. Außerdem dient die Umkehraufgabe zur Kontrolle der Division.

Verteilungsgesetz oder Zerlegungsgesetz (Distributivgesetz)
Eine Divisionsaufgabe kann so zerlegt werden, dass sie auf bekannte Aufgaben zurückgeführt werden kann. Diese können durch Addition oder Subtraktion miteinander verknüpft werden.

$48 : 8 = 6$
$(40 + 8) : 8 = 6$
$40 : 8 + 8 : 8 = 5 + 1 = 6$

$54 : 6 = 9$
$(60 - 6) : 6 = 9$
$60 : 6 - 6 : 6 = 10 - 1 = 9$

Beim Verteilungsgesetz kommt es darauf an, den Dividenden so zu zerlegen, dass auf bekannte Aufgaben zurückgegriffen werden kann, z. B. auf Kernaufgaben.

Division durch Zehnerzahlen

Es gibt verschiedene Möglichkeiten, durch Zehnerzahlen zu dividieren.

1. Analogien anwenden:

Beispiel 1:

100 : 20 = 5

10 : 2 = 5

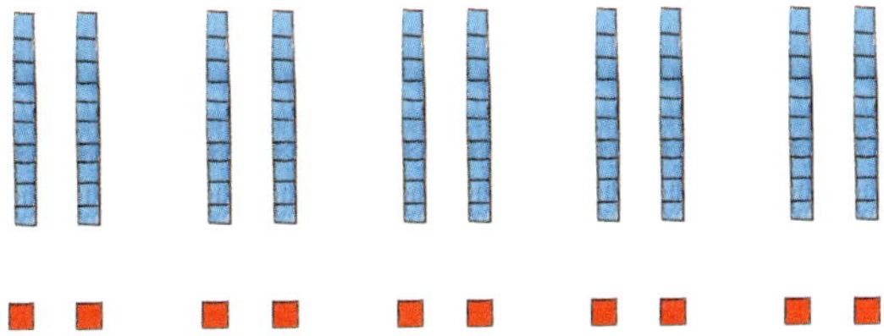

Beispiel 2:

100 : 20 = 5

100 : 10 : 2 = 5

100 : 20 = 5,

weil 10 : 2 = 5

Beispiel 3:

100 : 20 = 5

100 : 2 = 50

10 : 2 = 5

Beispiel 4:

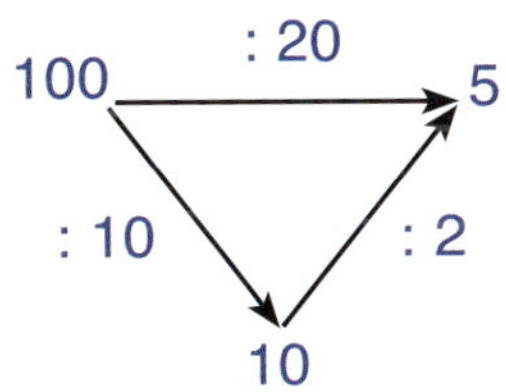

2. Dividieren in der Stellenwerttafel:

Beispiel 1: Aus Zehnern werden Einer.

H	Z	E
	5	0

50 : 10

H	Z	E
		5

50 : 10 = 5

Beispiel 2: Aus Hundertern werden Zehner.

H	Z	E
3	0	0

300 : 10

H	Z	E
	3	0

500 : 10 = 30

Alle Ziffern des Dividenden rücken beim Teilen durch 10 eine Stelle nach rechts.

Division

Halbschriftliche Division

Beim Dividieren mit mehrstelligem Dividenden kann beim halbschriftlichen Dividieren das Distributivgesetz (Verteilungsgesetz) angewendet werden.

384: 6 = □

Schritt 1: Zerlegen des Dividenden in Vielfache des Teilers

384 = 300 + 60 + 24

Schritt 2: Dividieren jedes Summanden durch 6

300 : 6 = 50 und 60 : 6 = 10 und 24 : 6 = 4

Schritt 3: Die Teilergebnisse addieren

50 + 10 + 4 = 64

Notationsformen:

Dividieren ohne Rest

384 : 6 = □
300 : 6 = 50
60 : 6 = 10
24 : 6 = 4
384 : 6 = 64

Probe:

·	50	10	4	
6	300	60	24	
				384

Dividieren mit Rest

57 : 4 = □
40 : 4 = 10
17 : 4 = 4 Rest 1
57 : 4 = 14 Rest 1

Probe:

14 · 4 = 56
56 + 1 = 57

Auch beim Teilen hilft das Auswendigwissen des kleinen Einmaleins.

Schriftliche Division

Jede schriftliche Division sollte aus drei Teilschritten bestehen:

1. Überschlagsrechnung,
2. Division,
3. Probe, auch Kontrollaufgabe genannt.

Division ohne Rest: 8472 : 6 = □

Schritt 1: Überschlag: 8400 : 6 = 1400

Schritt 2: Rechnung

T H Z E			
8 4 7 2 : 6 = 1 4 1 2	T	dividiere	8 : 6 = 1 Rest 2
6		multipliziere	1 · 6 = 6
		subtrahiere	8 – 6 = 2
2 4	H	hole herunter	4
		dividiere	24 : 6 = 4
2 4		multipliziere	4 · 6 = 24
		subtrahiere	24 – 24 = 0
0 7	Z	hole herunter	7
		dividiere	7 : 6 = 1 Rest 1
6		multipliziere	1 · 6 = 6
		subtrahiere	7 – 6 = 1
1 2	E	hole herunter	2
		dividiere	12 : 6 = 2
1 2		multipliziere	2 · 6 = 12
0		subtrahiere	12 – 12 = 0

Schritt 3: Probe: 1 4 1 2 · 6

8 4 7 2

Spiel-tipp

Schnell und richtig

Material: 3 Augenwürfel und 1 Würfel, der mit den Zahlen 4, 5, 6, 7, 8, 9 beklebt ist; Papier, Stift

Mit allen vier Würfeln würfeln. Aus den drei Würfeln mit Würfelaugen eine Zahl bilden, diese aufschreiben und durch die Zahl des vierten Würfels teilen.

Division

Division mit Rest: 545 : 8 = □

Ist die höchste Stelle des Dividenden kleiner als der Divisor, wird mit den beiden „ersten“ Stellen begonnen.

Schritt 1: Überschlag: 560 : 8 = 70

Schritt 2: Rechnung: 545 : 8 = 68 Rest 1

```
545 : 8 = 68 Rest 1
48
 65
 64
  1
```

Schritt 3: Probe: 68 · 8

544   544 + 1 = 545

Teilbarkeitsregeln

Teiler	Regel	Aufgabe
: 10	wenn eine 0 in der Einerstelle ist	374 544 : 10 mit Rest
: 5	wenn eine 5 oder 0 in der Einerstelle ist	374 544 : 5 mit Rest
: 2	wenn die Einerstelle gerade ist	374 544 : 2 ohne Rest
: 4	wenn die Zahl aus den beiden letzten Ziffern durch 4 teilbar ist	374 544 : 4 ohne Rest
: 8	wenn die letzten 3 Ziffern durch 8 teilbar sind	374 544 : 8 ohne Rest
: 3	wenn die Quersumme durch 3 teilbar ist	374 544 : 3 ohne Rest Quersumme 27
: 9	wenn die Quersumme durch 9 teilbar ist	374 544 : 9 ohne Rest Quersumme 27
: 6	wenn die Zahl gerade und die Quersumme durch 3 teilbar ist	374 544 : 6 ohne Rest Quersumme 27

Die Quersumme ist die Summe aller Ziffern:
544 = 5 + 4 + 4 = 13

Überschlagsrechnung Addition/Subtraktion

Beim Rechnen mit großen Zahlen ist es wichtig, das Ergebnis schnell überprüfen zu können oder zu überlegen, in welcher Größenordnung es sich befinden wird. Jede Additions- und Subtraktionsaufgabe und jede Multiplikations- und Divisionsaufgabe kann überschlagen werden. Dabei werden die Zahlen so verändert, dass das Ergebnis schnell im Kopf überprüft werden kann. Voraussetzung für das überschlagende Rechnen ist der zielgerichtete Umgang mit den Zahlen und der ist abhängig von der jeweiligen Rechenoperation. Beim **Addieren** und **Subtrahieren** wird häufig die Technik des **Rundens** angewendet.

Addition: $437 + 625 + 879 = \square$

$437 \approx 400 \quad 625 \approx 600 \quad 879 \approx 900$

$400 + 600 + 900 = 1900$

$$\begin{array}{r} 437 \\ 625 \\ +\ 879 \\ {\scriptstyle 1\,2\;} \\ \hline 1941 \end{array}$$

Subtraktion: $782 - 324 = \square$

$782 \approx 800 \quad 324 \approx 300 \quad 800 - 300 = 500$

$$\begin{array}{r} 782 \\ -\ 324 \\ {\scriptstyle 1\;\,} \\ \hline 458 \end{array}$$

Eine Zahl lässt sich je nach Größe mit der Rundungsregel (vgl. S. 41) auf Zehner, Hunderter, Tausender, Zehntausender oder sogar Hunderttausender runden.

Überschlagendes Rechnen

Überschlagsrechnung Multiplikation/Division
Beim **überschlagenden Rechnen** von **Multiplikationsaufgaben** kann gerundet oder auch eine Art „gegensinniges Verändern“ angewendet werden, um im Kopf rechnen zu können.

Multiplikation:
Mit gerundeten Zahlen:

$5 \cdot 8 = 40$

$456 \cdot 8 = \square \quad 456 \approx 500 \quad 500 \cdot 8 = 4000$

$$\begin{array}{r} \underline{456 \cdot 8} \\ 3648 \end{array}$$

Eine Art gegensinniges Verändern:

$4 \cdot 1 = 4$

$456 \cdot 8 = \square \quad 400 \cdot 10 = 4000$

Beim **überschlagenden Rechnen** von **Divisionsaufgaben** kann gerundet oder auch eine Art „gleichsinniges Verändern“ angewendet werden, um im Kopf rechnen zu können.

Division:
Mit gerundeten Zahlen:

$96 : 8 = 12$

$96\,432 : 8 = \square \quad 96\,432 \approx 96\,000 \quad 96\,000 : 8 = 12\,000$

$96\,432 : 8 = 12\,054$

Es kann aber nach dem Runden noch durch gleichsinniges Verändern der Faktoren vereinfacht werden.

$24 : 2 = 12$

$$\underbrace{96\,000 : 8}_{:2} = \underbrace{48\,000 : 4}_{:2} = 24\,000 : 2 = 12\,000$$

Vielfache und Teiler

Die **Vielfachen** einer Zahl sind alle Zahlen der Einmaleinsreihe dieser Zahl:

Vielfache von 7: 7, 14, 21, 28, 35, 42, …, 84, …, 714

Gemeinsame Vielfache von Zahlen sind alle Zahlen, die gleiche Ergebnisse in der Einmaleinsreihe haben.

Gemeinsame Vielfache von 5 und 10 sind alle Zahlen mit einer Null in der Einerstelle:
10, 20, 30, …, 120, 130, 140, …

Vielfache von 5: 5, 10, 15, 20, 25, 30, 35, 40, 45, 50

Vielfache von 10: 10 20 30 40 50

10 ist das kleinste gemeinsame Vielfache von 5 und 10.

Durch ihre **Teiler** kann jede Zahl ohne Rest geteilt werden.

Teiler von 18: 1, 2, 3, 6, 9, 18

Mehrere Zahlen können **gemeinsame Teiler** haben.

Teiler von 14: 1, 2, 7, 14
Teiler von 42: 1, 2, 3, 6, 7, 14, 21, 42

14 ist der größte gemeinsame Teiler von 14 und 42.

Das kleinste gemeinsame Vielfache wird mit **kgV** und der größte gemeinsame Teiler mit **ggT** bezeichnet.

Zahlenfolgen

Unter einer Zahlenfolge versteht man eine Reihe von Zahlen, die nach einer bestimmten Regel gebildet wird. Die Regel sagt, mit welcher Zahl und welchem Rechenzeichen (+, –, ·, :) gerechnet wird. Das können auch mehrere Zahlen und verschiedene Rechenzeichen sein. Deshalb unterscheiden sich Zahlenfolgen in ihrem Schwierigkeitsgrad. Oft werden zur Kontrolle die Anzahl der Lücken, Zwischenzahlen oder die Endzahl angegeben.

+ 2

2, __, __, __, __, 12

Lösung: 2, 4, 6, 8, 10, 12

?

__, __, 15, 20, 25, __, __, __, 45

+ 5

Lösung: 5, 10, 15, 20, 25, 30, 35, 40, 45

– 5

?

1280, 640, 320, __, __, __, __, __, 5

: 2

Lösung: 1280, 640, 320, 160, 80, 40, 20, 10, 5

? ?

2, 4, 12, 14, 42, 44, __, __, __, 404

+ 2 + 2

Lösung: 2, 4, 12, 14, 42, 44, 132, 134, 402, 404

· 3 · 3

Zahlenhäuser

Zahlenhäuser bestehen aus Stockwerken und einem Dach. In jedem Stockwerk steht eine mögliche Zahlzerlegung zu der Zahl im Dach.

10	
5	
3	
	6
	9

10 = 5 + 5
10 = 3 + 7
10 = 4 + 6
10 = 1 + 9

10	
5	5
3	7
4	6
1	9

Rechenhäuser

In Rechenhäusern steht im Dach die Regel, wie etwas gerechnet werden soll. Die Regel besteht aus einem Operationszeichen (+, –, · oder :) und einer Zahl, z. B. + 3.

In die Stockwerke eines Rechenhauses müssen Zahlen eingesetzt werden, die zu der Regel im Dach passen. Wenn die Zahl im Dach fehlt, muss sie zuerst aus einer vorgegebenen Aufgabe ermittelt werden.

+ 3	
3	
5	
	19
17	

3 + 3 = 6
5 + 3 = 8
16 + 3 = 19
17 + 3 = 20

+ 3	
3	6
5	8
16	19
17	20

– 3	
14	
	12
18	
	9

14 – 3 = 11
15 – 3 = 12
18 – 3 = 15
12 – 3 = 9

– 3	
14	11
15	12
18	15
12	9

Rechenräder

Es gibt Additions-, Subtraktions-, Multiplikations- und Divisionsräder. Die Ergebnisse stehen entweder in der Mitte des Kreises oder in den Feldern außen.
Es müssen immer zwei Zahlen durch Addieren, Subtrahieren, Multiplizieren oder Dividieren so miteinander verknüpft werden, dass die fehlenden Zahlen berechnet werden können.

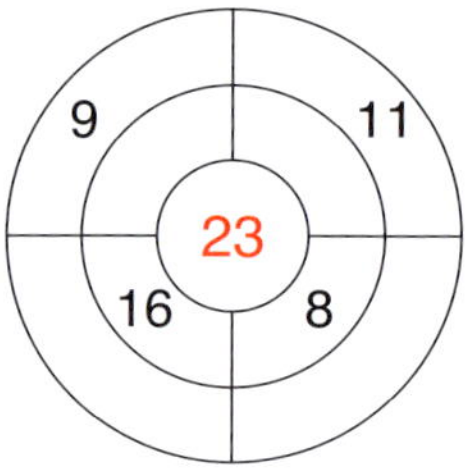

$11 + \boxed{12} = 23$
$\boxed{15} + 8 = 23$
$\boxed{7} + 16 = 23$
$9 + \boxed{14} = 23$

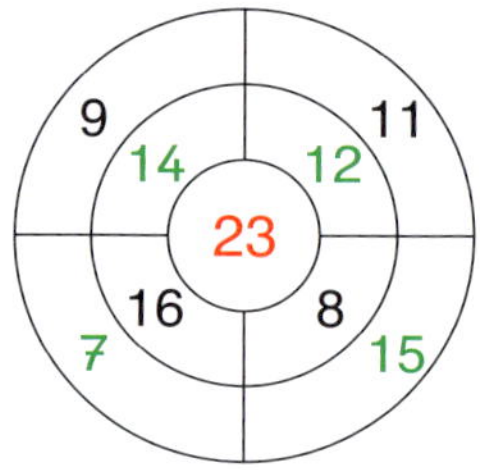

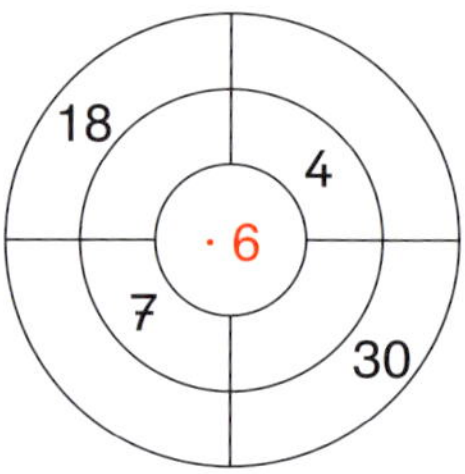

$4 \cdot 6 = 24$
$\boxed{5} \cdot 6 = 30$
$7 \cdot 6 = \boxed{42}$
$\boxed{3} \cdot 6 = 18$

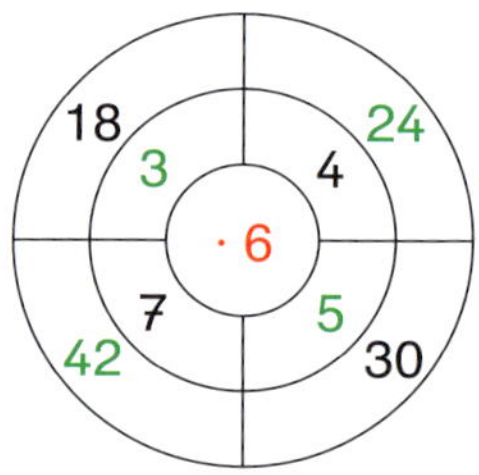

Rechenmauern, Rechenpyramiden oder Zahlenmauern

Rechenmauern bestehen aus drei Grundelementen.

Die Zahlen auf den Grundsteinen werden addiert und das Ergebnis im Deckstein notiert. So werden die Mauern immer weiter aufgebaut.

Die Aufgabenstellung kann variieren: Es gibt Rechenmauern mit vorgegebenen Zahlen in den Grundsteinen, mit verstreut eingefügten Zahlen, nur mit vorgegebener Endzahl (Deckstein) oder ganz leere Mauern.

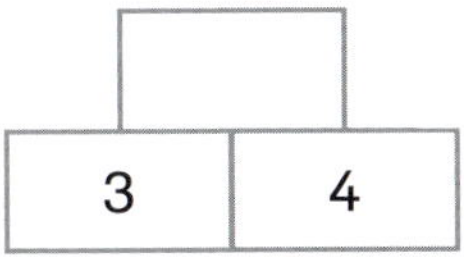

3 + 4 = 7

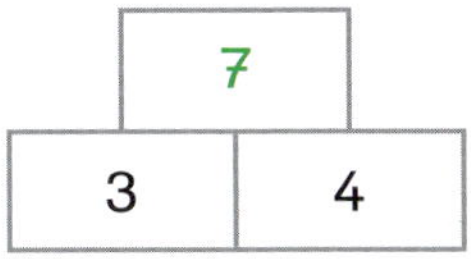

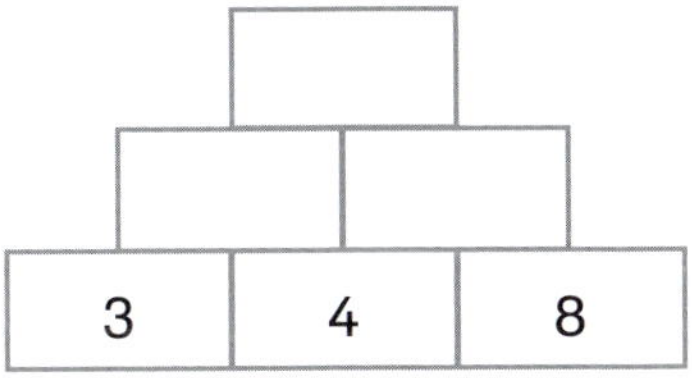

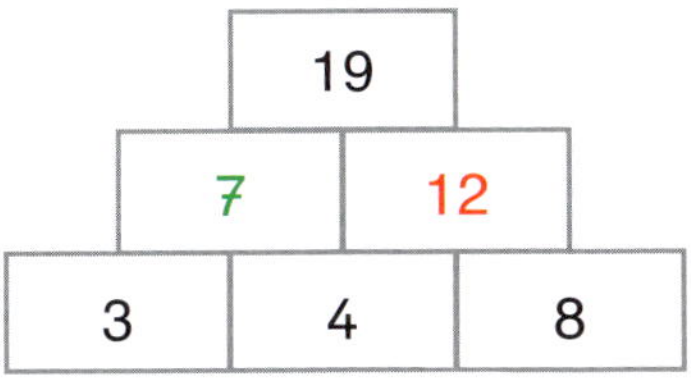

3 + 4 = 7

4 + 8 = 12

7 + 12 = 19

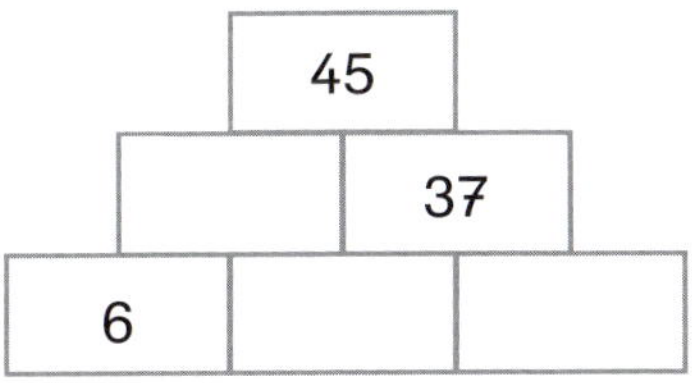

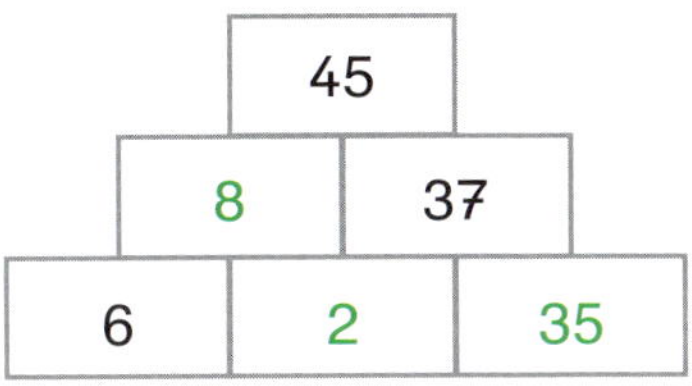

45 − 37 = 8 oder 8 + 37 = 45

8 − 6 = 2 oder 6 + 2 = 8

37 − 2 = 35 oder 2 + 35 = 37

Rechentafeln oder Rechentabellen

Bei Tabellen werden die Zahlen mit dem vorgegebenen **Operationszeichen** verknüpft. Das Operationszeichen kann ein Plus- (+), ein Minus- (–), ein Mal- (·) oder ein Geteiltzeichen (:) sein.

Jede Zahl in der 1. Spalte wird mit jeder Zahl in der 1. Zeile verknüpft. Jedes Ergebnis hat seinen bestimmten Platz.
25 + 5 = 30

Wenn eine Zahl in der ersten Reihe oder in der ersten Spalte fehlt, aber das Ergebnis schon eingetragen ist, dann kann die fehlende Zahl durch die Umkehraufgabe gefunden werden.
30 + □ = 40   Umkehraufgabe: 40 – 30 = 10

+	5	7		20
15				
25				
30			40	
45				

40 – 30 = 10
15 + 5 = 20
15 + 7 = 22
15 + 10 = 25
15 + 20 = 35
25 + 5 = 30
25 + 7 = 32
⋮
45 + 20 = 65

+	5	7	10	20
15	20	22	25	35
25	30	32	35	45
30	35	37	40	50
45	50	52	55	65

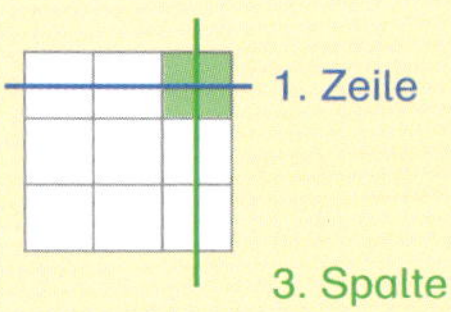

In einer Tabelle kann jedes Feld genau bestimmt werden, z. B. 1. Zeile und 3. Spalte.

Rechendreiecke

Bei einem Rechendreieck stehen innen die Zahlen, die miteinander verknüpft werden, und außen die entsprechenden Ergebnisse.

Die Verknüpfung kann eine Addition, eine Subtraktion, eine Multiplikation oder eine Division sein. Die Art der Verknüpfung muss durch die vorgegebenen Zahlen herausgefunden werden.

25 + 36 = 61

25 + □ = 97 → 97 − 25 = 72

72 + 36 = 108

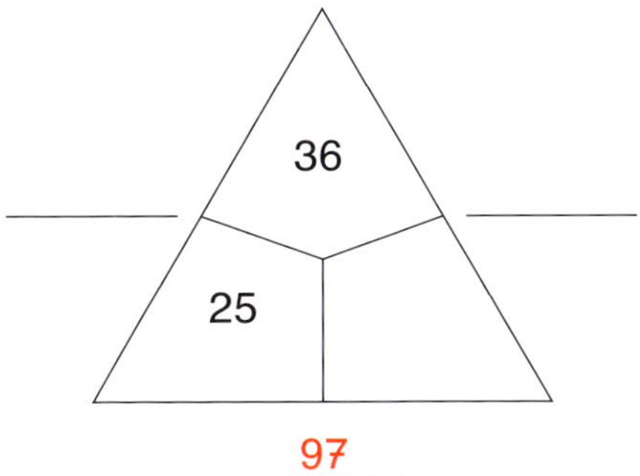

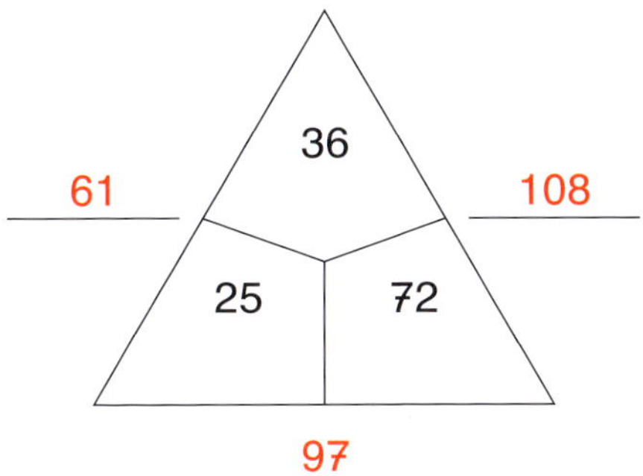

Zahlenrätsel

Beim Zahlenrätsel ist die Aufgabenstellung in Textform vorgegeben.

- Addiere zu der Differenz der Zahlen 25 und 9 die Zahl 40 und dividiere das Ergebnis durch 8.
  Wie heißt die gesuchte Zahl?

  25 – 9 = 16 16 + 40 = 56 56 : 8 = 7

- Ich denke mir eine Zahl. Zu der gedachten Zahl wird 12 addiert. Das Ergebnis wird durch 2 geteilt und mit 10 multipliziert. Das Ergebnis ist 100.
  Wie heißt die gedachte Zahl?

  100 : 10 = 10 10 · 2 = 20 20 – 12 = 8

Zauberquadrate

Zauberquadrate heißen deshalb so, weil immer das gleiche Ergebnis, die Zauberzahl, herauskommt, egal, ob die Zahlen in jeder Zeile, in jeder Spalte oder in jeder Diagonalen addiert werden.
Entweder ist nur die Ergebniszahl vorgegeben oder ein paar Zahlen, sodass die Ergebniszahl zuerst gefunden werden muss.

Immer 15!

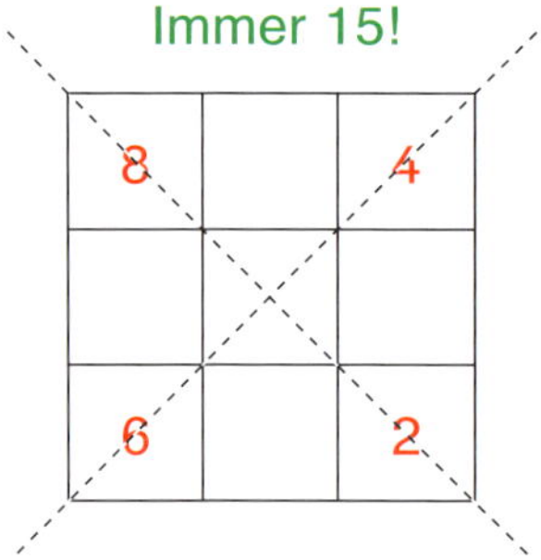

Diagonalen

8 + 3 + 4 = 15
8 + 1 + 6 = 15
6 + 7 + 2 = 15
4 + 9 + 2 = 15
8 + 5 + 2 = 15
6 + 5 + 4 = 15

Immer 15!

8	3	4
1	5	9
6	7	2

Magische Dreiecke

In einem magischen Dreieck bilden die Zahlen jeder Seite die gleiche Summe. Wenn die kleinstmögliche Summe gesucht ist, müssen immer die kleinsten der vorgegebenen Zahlen in die Ecken geschrieben werden. Wird die größtmögliche Summe gesucht, müssen immer die größten der vorgegebenen Zahlen in die Ecken, weil die Eckzahlen auf immer zwei Seiten addiert werden.

In ein magisches Dreieck sollen die Zahlen 20 bis 25 so eingefügt werden, dass die Summe der drei Seiten stets gleich ist. Zu suchen ist die kleinst- und die größtmögliche Summe.

Gesucht: die kleinstmögliche Summe

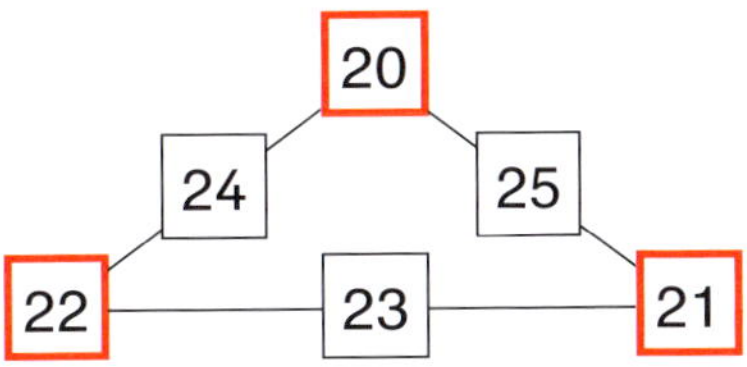

20 + 25 + 21 = 66
20 + 24 + 22 = 66
22 + 23 + 21 = 66

Gesucht: die größtmögliche Summe

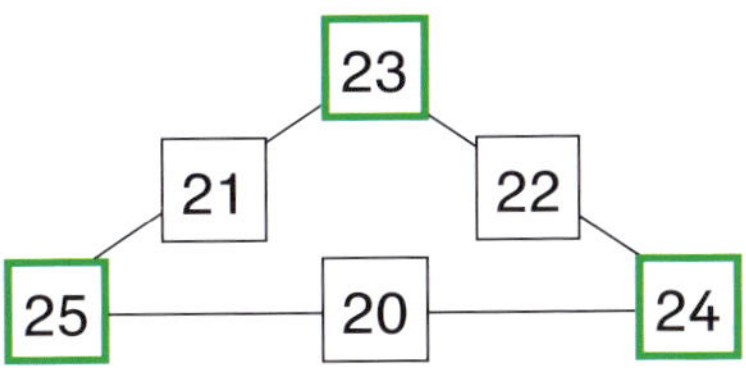

23 + 22 + 24 = 69
23 + 21 + 25 = 69
25 + 20 + 24 = 69

Zu den **Knobelaufgaben** gehören alle Aufgaben, die nicht auf einen Blick gelöst werden können. Bei diesen Aufgaben muss immer ein eigener Lösungsweg gefunden werden.

Lösen von zweigliedrigen Platzhalteraufgaben in den Grundrechenarten

Beispiele: 23 + 6 = ☐ 37 – ☐ = 33 ☐ : 8 = 6

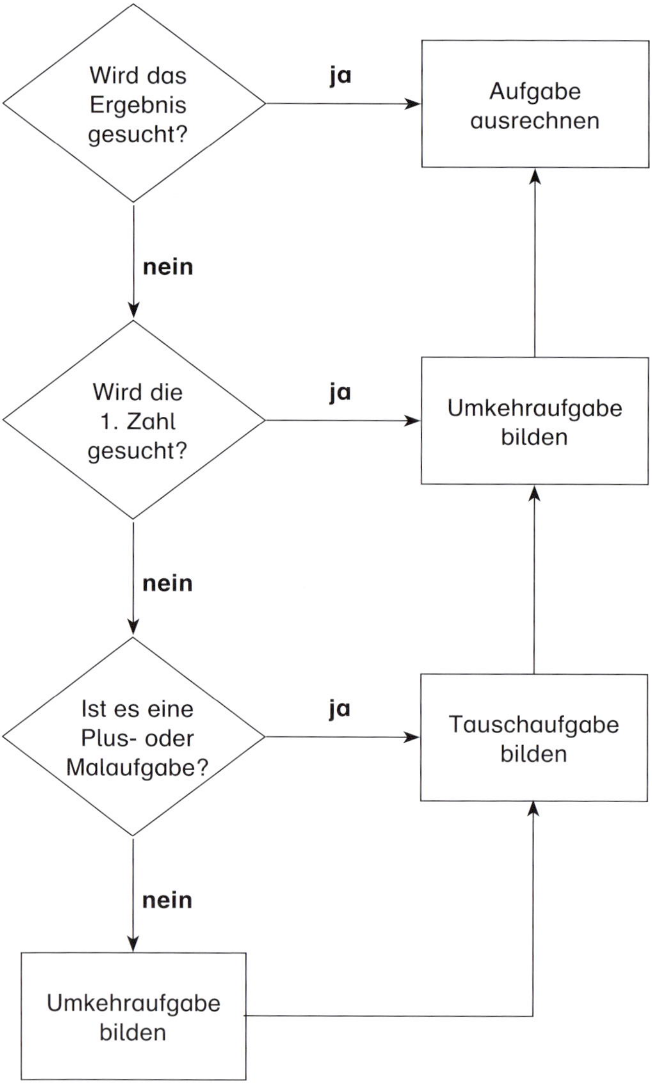

Überschlagen – ausrechnen – überprüfen

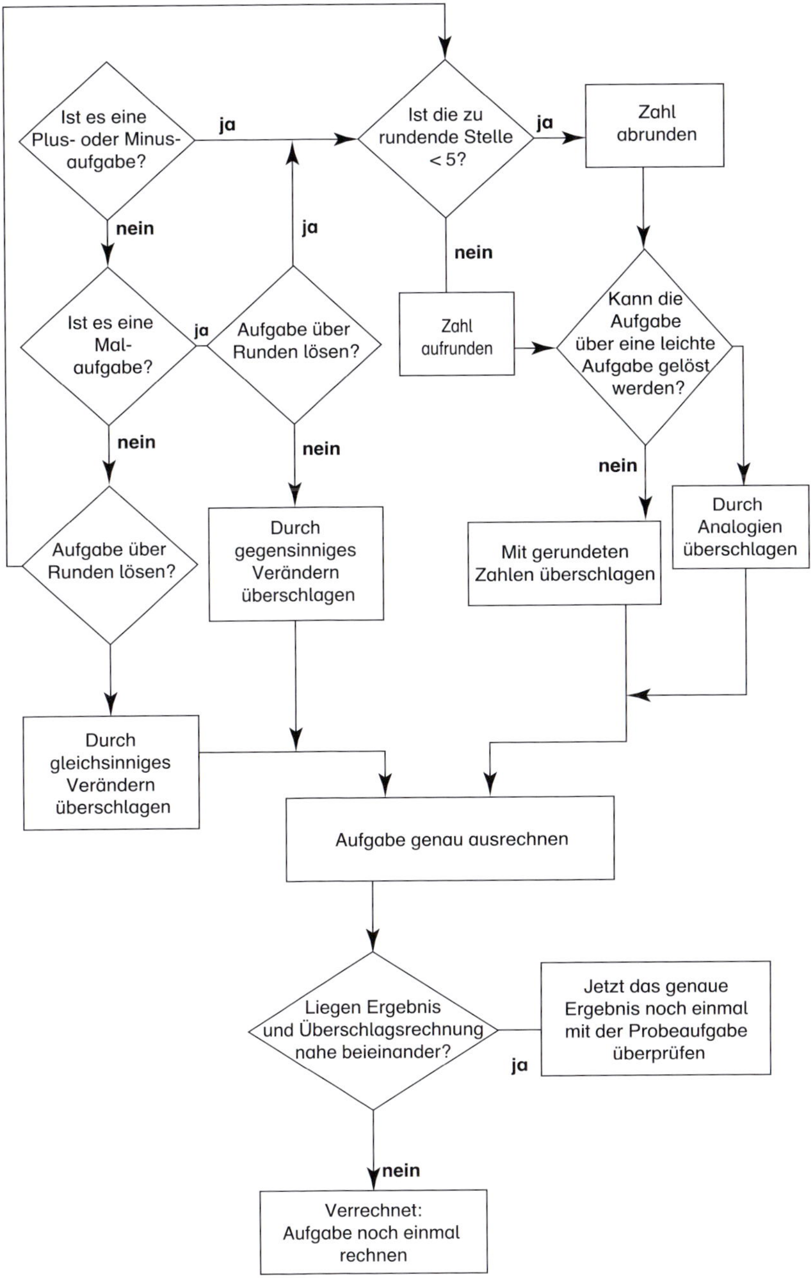

Größen und Maßeinheiten

Im Alltag und in der Umwelt spielen Zahlen mit Größenangaben eine wichtige Rolle: beim Bezahlen, beim Messen, beim Wiegen und bei der Uhrzeit. Dabei werden die Zahlen durch eine **Maßeinheit** näher bestimmt:

2 €, 3 m, 6 kg, 2 l, 4 min

Alle diese Maßeinheiten gehören zu den wichtigsten Größenbereichen: **Geld, Längen, Gewichte, Rauminhalte** und **Zeit.**

Früher wurden Waren gegen Waren getauscht. Im Laufe der Geschichte ist das Geld entstanden, um den Austausch von Waren zu erleichtern. Das Geld wurde als Zahlungsmittel eingeführt. Verschiedene Länder haben unterschiedliche Zahlungsmittel (Währungen). In der Europäischen Union (EU) wurden am 1. Januar 2002 in zwölf Ländern **Euro** und **Cent** als gemeinsame **Währung** eingeführt.

Maßeinheiten: Euro (EUR oder €), Cent (ct)
1 Euro entspricht 100 Cent, 1 € = 100 ct

Euro-Banknoten:

Die sieben Euro-Banknoten unterscheiden sich durch unterschiedliche Farbgebung und Größe. Je höher der Wert der Banknote ist, desto größer ist der Schein.

Euro-Münzen:

Die acht Euro-Münzen unterscheiden sich in Größe, Gewicht, Material, Farbe und Dicke. Auf allen Münzen ist auf der Vorderseite der Wert geprägt. Die Rückseite wurde von jedem Land mit landestypischen Merkmalen gestaltet.

Spieltipp

Geld hören

Material: Würfel, beschriftet mit den Cent-Werten (1 ct, 2 ct …), leere Konservenbüchse, Centstücke (insgesamt etwa 2 €)
Spielverlauf: Zweimal würfeln und die Beträge addieren. Ein Mitspieler schließt die Augen, der andere wirft in die Büchse den Betrag. Mit welchen Münzen wurde der Betrag „bezahlt“?

Geldbeträge

Gleiche Geldbeträge können mit verschiedenen Geldscheinen und Münzen bezahlt werden.

8 €
1 €, 1 €, 1 €, 1 €, 1 €, 1 €, 1 €, 1 €
5 €, 1 €, 1 €, 50 ct, 20 ct, 20 ct, 10 ct
2 €, 2 €, 1 €, 1 €, 50 ct, 50 ct, 50 ct, 20 ct, 20 ct, 10 ct

Geldbeträge notieren

Geldbeträge können ganz unterschiedlich aufgeschrieben werden. In Kommaschreibweise werden Euro und Cent durch Komma voneinander getrennt. Es gibt unterschiedliche Sprechweisen.

	1,00 Euro	1 Euro	1 €	100 Cent	100 ct
	10 Cent	10 ct	0,10 €	0 Euro	10 Cent
	1 Cent	1 ct	0,01 €	0 Euro	1 Cent

4 € 75 ct = 4,75 €

vier Komma fünfundsiebzig Euro
vier Euro fünfundsiebzig
vier Euro fünfundsiebzig Cent

15 € 6 ct = 15,06 €

52 ct = 0,52 €

Beim Zählen von Geld ist der **Geldwert** entscheidend und **nicht die Anzahl** der Münzen und Scheine.

Geldbeträge können in eine Stellenwerttafel eingetragen werden. Das hilft bei der richtigen Umwandlung von Euro in Cent oder umgekehrt.

	100 000 €	10 000 €	1000 €	100 €	10 €	1 €	10 ct	1 ct
5,85 €						5	8	5
0,45 €							4	5
45872,00 €		4	5	8	7	2	0	0

Rechnen mit Geldbeträgen

Beim Rechnen mit Geld werden die Rechenverfahren der vier Grundrechenarten angewendet (vgl. Kapitel Grundrechenarten). Es gibt allerdings noch einige Besonderheiten, die beachtet werden müssen:

Geldbeträge können nur miteinander verglichen, addiert oder subtrahiert werden, wenn sie in der gleichen **Maßeinheit** stehen. Stehen sie nicht in der gleichen Maßeinheit, müssen sie in die gleiche Einheit umgewandelt werden.

2153 ct + 8 € 42 ct = 2153 ct + 842 ct = 2995 ct = 29 € 95 ct oder
2153 ct + 8 € 42 ct = 21 € 53 ct + 8 € 42 ct = 29 € 95 ct oder
21,53 € + 8,42 € = 29,95 €

Geldbingo für zwei

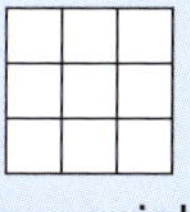

Material: Neuner-Bingofeld, Stift
Spielverlauf: Zunächst wird ein Geldbetrag vereinbart, z. B. 5,25 €. In das Bingofeld schreibt jeder Mitspieler neun verschiedene Möglichkeiten, mit welchen Münzen der Geldbetrag bezahlt werden kann. Die Möglichkeiten werden abwechselnd genannt. Wer zuerst alle Möglichkeiten des Partners erraten hat, ist Sieger und ruft: „Bingo!“

Spieltipp

Geldbeträge

Rechnen mit Kommazahlen
Jeder Geldbetrag in Kommaschreibweise kann in einen Geldbetrag ohne Kommaschreibweise umgewandelt werden (Euro in Cent).

6,23 € = 623 ct

Mögliche Rechenwege für das **schriftliche Addieren** und **Subtrahieren** von Geldbeträgen:

Rechenweg 1: Die Kommazahl in volle Beträge umwandeln (Euro in Cent). Das Ergebnis muss dann wieder in eine Kommazahl „zurück“verwandelt werden (Cent in Euro).

6,23 € + 21,95 € = □
623 ct + 2195 ct = □

		6	2	3	ct
+	2	$_{1}$1	9	5	ct
	2	8	1	8	ct

2818 ct = 28,18 €

8,46 € – 3,05 € = □
846 ct – 305 ct = □

		8	4	6	ct
–		3	0	5	ct
		5	4	1	ct

541 ct = 5,41 €

Rechenweg 2: Es wird mit der Kommazahl gerechnet. Die Geldbeträge müssen dabei genau untereinander stehen (Euro/Euro und Cent/Cent – Komma unter Komma).

512,78 € + 3254,21 € = □

		5	1	2,	7	8	€
+	3	2	5	4,	2	1	€
	3	7	6	6,	9	9	€

5472,98 € – 3110,53 € = □

	5	4	7	2,	9	8	€
–	3	1	1	0,	5	3	€
	2	3	6	2,	4	5	€

Euro in Cent umwandeln: den Betrag mit 100 multiplizieren, Cent in Euro: den Geldbetrag durch 100 dividieren.

Mögliche Rechenwege für das **schriftliche Multiplizieren** und **Dividieren** von Geldbeträgen:

Rechenweg 1: Die Kommazahl in volle Beträge umwandeln (Euro in Cent). Das Ergebnis muss dann wieder in eine Kommazahl „zurück"verwandelt werden (Cent in Euro).

45,20 € · 6 = □ 271,20 € : 6 = □

4520 ct · 6 = □ 27120 ct : 6 = □

4 5 2 0 ct · 6
2 7 1 2 0 ct
= 2 7 1, 2 0 €

2 7 1 2 0 ct : 6 = 4 5 2 0 ct
2 4
3 1
3 0
1 2
1 2
0 0
0 0
0 0
= 4 5, 2 0 €

Rechenweg 2: Es wird mit der Kommazahl gerechnet.

4 5, 2 0 € · 6
2 7 1, 2 0 €

2 7 1, 2 0 € : 6 = 4 5, 2 0 €
2 4
3 1
3 0
1 2
1 2
0 0
0 0
0 0

Beim Rechnen mit Geld an die Maßeinheit (Euro oder Cent) denken und auf das Komma achten!

Längen

Vor einigen Jahrhunderten wurden **Längen** noch mit Maßeinheiten gemessen, die vom menschlichen Körper abgeleitet waren (z. B. Daumen-, Finger-, Handbreite, Fuß, Elle, Spanne, Schritt). Sie waren ungenau, weil nicht jeder Mensch z. B. die gleiche Handbreite hat. Deshalb wurden feste Maße vereinbart.
Heute werden Längen mit einheitlichen Grundmaßen gemessen. Aber diese Maßeinheiten sind nicht in allen Ländern gleich. In den USA und England wird z. B. in Inch, Foot und Miles gemessen. In vielen Ländern Europas werden Längen in Teilen oder Vielfachen des **Meters** angegeben: in **Kilometern (km), Metern (m), Dezimetern (dm), Zentimetern (cm)** und **Millimetern (mm)**.

Maßeinheiten:
1 km = 1 000 m = 10 000 dm = 100 000 cm = 1 000 000 mm

Mit diesen Einheiten kann gemessen werden, wie lang, tief, breit, hoch, dick und groß etwas ist. Zum Messen gibt es verschiedene Werkzeuge: Lineal, Zentimetermaß, Zollstock … Kleinere Längen werden meistens mit dem Lineal gemessen, größere mit dem Zollstock. Es gibt Lineale mit unterschiedlicher Länge (von 5 bis 100 cm).

Die Messinstrumente werden beim Messen am Nullpunkt angelegt.

Auf Linealen gibt es häufig auch eine Inch-Einteilung. Inch ist eine englische Längeneinheit:
1 inch = 2,54 cm.

Gleiche Längen können unterschiedlich aufgeschrieben werden, indem sie in einer größeren oder kleineren Maßeinheit angegeben werden.

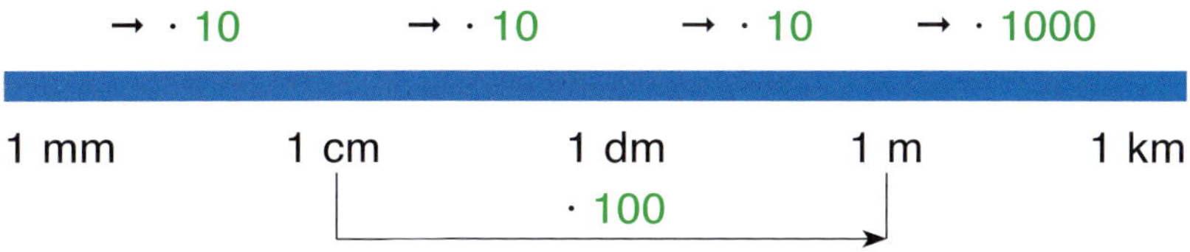

1 m = 10 dm = 100 cm = 1 000 mm

Die grünen Zahlen heißen Umwandlungszahlen.

50 mm = 5 cm   700 cm = 7 m   3000 m = 3 km

Längenangaben können auch in Bruchteilen angegeben werden:

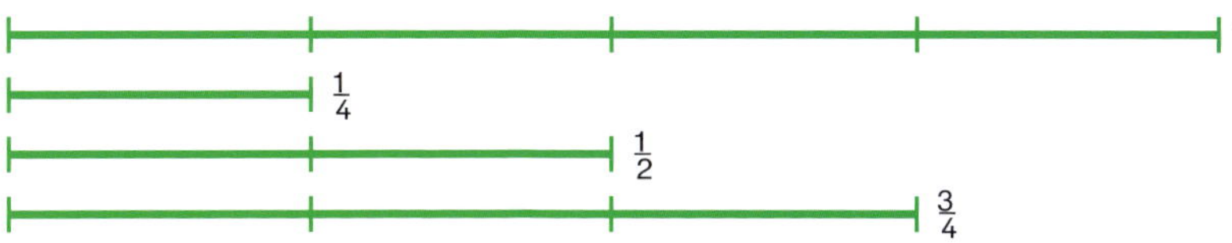

$\frac{1}{2}$ m = $\frac{1}{2}$ von 1 m = 50 cm   gerechnet: 100 cm : 2 = 50 cm
$\frac{1}{4}$ m = $\frac{1}{4}$ von 1 m = 25 cm   gerechnet: 100 cm : 4 = 25 cm
$\frac{3}{4}$ m = $\frac{3}{4}$ von 1 m = 75 cm   gerechnet: 100 cm : 4 = 25 cm
25 cm · 3 = 75 cm

Spieltipp

Wer wirft oder pustet am weitesten?

Material: Gegenstände zum Werfen und Pusten

- Watte, Federn, Seidenpapier … pusten. Die gepustete Strecke ausmessen. Wer hat am weitesten gepustet?
- Eine Papierschwalbe, einen Ball (Tennis-, Fuß- oder Tischtennisball) … werfen. Die geworfene Strecke ausmessen. Wer hat am weitesten geworfen?

Längen

Längenmaße können auch in Kommaschreibweise angegeben werden:

einundzwanzig Zentimeter (und) 3 Millimeter oder einundzwanzig Komma drei Zentimeter

213 mm = 21 cm 3 mm = 21,3 cm

fünf Meter (und) 24 Zentimeter oder fünf Komma zwei vier Meter

524 cm = 5 m 24 cm = 5,24 m

drei Kilometer (und) 500 Meter oder drei Komma fünf Kilometer

3500 m = 3 km 500 m = 3,5 km

Das Komma trennt die größere Einheit von der kleineren Einheit: Zentimeter und Millimeter, Meter und Zentimeter oder Kilometer und Meter.

Längenangaben können in eine Stellenwerttafel eingetragen werden. Das hilft bei der richtigen Umwandlung von Längenmaßen in eine größere oder kleinere Maßeinheit.

	km	100 m	10 m	1 m	10 cm	1 cm
12 cm					1	2
3,45 m				3	4	5
6,25 km	6	2	5	0	0	0
2,5 km	2	5	0	0	0	0

Bei Kilometerangaben werden die Nullen nach dem Komma oft einfach weggelassen:
2,5 km = 2,500 km = 2500 m.
Dabei verändert sich der Wert der Zahl nicht.

Rechnen mit Längen

Beim Rechnen mit Längen werden die Rechenverfahren der vier Grundrechenarten angewendet (vgl. Kapitel Grundrechenarten).
Es gibt allerdings noch einige Besonderheiten, die beachtet werden müssen:

Zahlen mit Längenangaben können nur miteinander verglichen, addiert oder subtrahiert werden, wenn sie in der gleichen Maßeinheit stehen. Stehen sie nicht in der gleichen Maßeinheit, müssen sie zunächst in die gleiche Einheit umgewandelt werden.

43 m + 27 cm = 4300 cm + 27 cm = 4327 cm =
43 m 27 cm oder
43 m + 27 cm = 43 m + 0,27 m = 43,27 m

Rechnen mit Kommazahlen

Jede Längenangabe in Kommaschreibweise kann in eine Längenangabe ohne Kommaschreibweise übertragen werden, indem sie in eine kleinere Einheit umgewandelt wird:

5,24 m = 524 cm

Spiel-tipp

Wer ist am größten, wer am kleinsten,
wer hat den längsten Arm,
wer das kürzeste Bein,
wer die längste Nase, wer ...?

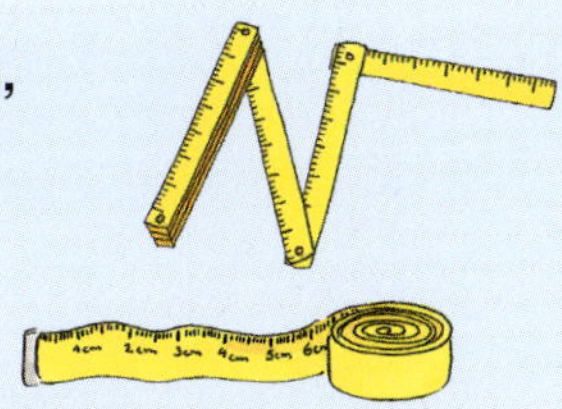

Material: Metermaß oder Zollstock
Spielverlauf: Familienmitglieder oder Freunde messen. Die gemessenen Längen aufschreiben und miteinander vergleichen. Wer ist am größten? Wer ist am kleinsten? ...

Längen

Das Rechnen mit Längenangaben ist dann ganz einfach (vgl. Kapitel Grundrechenarten). Das Ergebnis muss aber wieder in die größere Einheit umgewandelt werden.
Für die vier Grundrechenarten gibt es deshalb immer zwei Rechenwege. Mögliche Rechenwege für das **schriftliche Addieren** und **Subtrahieren** von Längen:

Rechenweg 1: Die Kommazahl in eine Zahl ohne Komma umwandeln, d. h. in die nächstkleinere Einheit. Das Ergebnis muss dann wieder in eine Kommazahl „zurück"-verwandelt werden.

7,54 m + 24,76 m = □ 16,45 m − 8,63 m = □

754 cm + 2476 cm = □ 1645 cm − 863 cm = □

		7	5	4	c	m
+	$_1$2	$_1$4	$_1$7	6	c	m
	3	2	3	0	c	m

	1	6	4	5	c	m
−	$_1$	$_1$8	6	3	c	m
		7	8	2	c	m

3230 cm = 32,30 m 782 cm = 7,82 m

Rechenweg 2: Es wird mit der Kommazahl gerechnet. Beim Addieren und Subtrahieren von Zahlen mit Längenangaben müssen die Zahlen dabei genau untereinander stehen (Komma unter Komma).

51,32 m + 345,76 m = □ 678,32 m − 235,79 m = □

		5	1,	3	2	m
+	3	4	$_1$5,	7	6	m
	3	9	7,	0	8	m

	6	7	8,	3	2	m
−	2	3	$_1$5,	$_1$7	9	m
	4	4	2,	5	3	m

Beim Umwandeln von einer kleineren in eine größere Einheit wird die Zahl kleiner und umgekehrt.

Beim **schriftlichen Multiplizieren** und **Dividieren** von Zahlen mit Längenmaßen gibt es auch zwei Rechenwege:

Rechenweg 1: Die Kommazahl in eine Zahl ohne Komma umwandeln, d. h. in die nächstkleinere Einheit. Das Ergebnis muss dann wieder in eine Kommazahl „zurück"-verwandelt werden.

42,50 m · 7 = 4250 cm · 7

```
4 2 5 0 cm · 7          2 9 7 5 0 c m : 7 = 4 2 5 0 c m
    2 9 7 5 0 c m       2 8
                          1 7               = 4 2, 5 0 m
    2 9 7, 5 0 m          1 4
                            3 5
                            3 5
                            0 0
                            0 0
                              0
```

Rechenweg 2: Es wird mit der Kommazahl gerechnet.

```
4 2, 5 0 m · 7          2 9 7, 5 0 m : 7 = 4 2, 5 0 m
    2 9 7, 5 0 m        2 8
                          1 7
                          1 4
                            3 5
                            3 5
                            0 0
                            0 0
                              0
```

Spieltipp

Rechnen mit Körpermaßen

Material: Maßband, Lineal, Papier, Stift

Mit der eigenen Handbreite verschiedene Längen messen und aufschreiben.

Beispiele: Länge/Breite eines Tisches, Breite einer Tür.

Dann die Längen mit dem Maßband nachmessen.

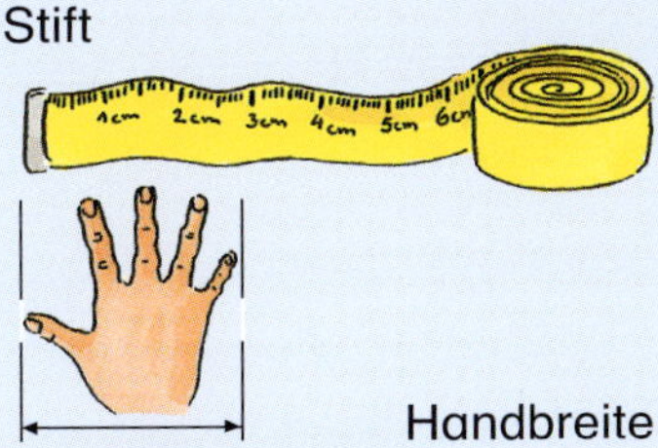

Handbreite

Gewichte

Gewichtsmaß ist der Sammelbegriff für die Maßeinheiten, mit denen das Gewicht von Personen oder Gegenständen gemessen wird. In den meisten Ländern in Europa werden Gewichte in **Tonnen (t), Kilogramm (kg), Gramm (g)** und **Milligramm (mg)** angegeben. Diese Einheiten werden manchmal auch Masseeinheiten genannt.

Maßeinheiten: 1 t = 1 000 kg = 1 000 000 g

Mit diesen Einheiten kann gemessen werden, wie schwer etwas ist. In der Maßeinheit Tonne werden schwere Dinge oder sehr große Mengen angegeben, z. B. 2 t Abfall. Kilogramm und Gramm werden im Alltag z. B. auf Märkten und in Lebensmittelgeschäften benutzt. Dort werden diese Maßeinheiten häufig in Zusammenhang mit dem Preis einer Ware angegeben: z. B. Tomaten 1,49 €/kg oder 100 g Pralinen kosten 2,50 €. Milligrammangaben stehen oft auf Beipackzetteln von Medikamenten oder auch auf den Verpackungen von Säften und Milch.

Zum Wiegen gibt es verschiedene Waagen. Welche verwendet wird, hängt davon ab, was gewogen werden soll.

Es gibt Waagen, die mit Gewichten aufwiegen, und Waagen, die elektronisch wiegen und das Gewicht elektronisch anzeigen.

Gleiche Gewichte können unterschiedlich angegeben werden. Sie müssen dann in eine größere oder kleinere Maßeinheit umgewandelt werden.

→ · 1000 → · 1000

1 g 1 kg 1t

← : 1000 ← : 1000

1 t = 1000 kg = 1 000 000 g

Die grünen Zahlen heißen Umwandlungszahlen.

3000 g = 3 kg 5000 kg = 5 t

Gewichtsangaben können auch in Bruchteilen angegeben werden:

$\frac{1}{2}$ kg = $\frac{1}{2}$ von 1 kg = 500 g gerechnet: 1000 g : 2 = 500 g
$\frac{1}{4}$ kg = $\frac{1}{4}$ von 1 kg = 250 g gerechnet: 1000 g : 4 = 250 g
$\frac{3}{4}$ kg = $\frac{3}{4}$ von 1 kg = 750 g gerechnet: 1000 g : 4 = 250 g
250 g · 3 = 750 g
$\frac{1}{8}$ kg = $\frac{1}{8}$ von 1 kg = 125 g gerechnet: 1000 g : 8 = 125 g

Eine Kleiderbügelwaage bauen

Material: Kleiderbügel (am besten ein Rockbügel), 2 Tüten

Gegenstände aussuchen, deren Gewicht als gleich schwer eingeschätzt wird. Durch Anhängen an die Kleiderbügelwaage überprüfen, ob richtig geschätzt wurde.

Spiel-tipp

Gewichte

Gewichtsangaben können auch in Kommaschreibweise aufgeschrieben werden.

zwei Kilogramm, 475 Gramm oder zwei Komma vier sieben fünf Kilogramm

2475 g = 2 kg 475 g = 2,475 kg

6500 kg = 6 t 500 kg = 6,5 t

sechs Tonnen (und) 500 Kilogramm oder sechs Komma fünf Tonnen

Das Komma trennt die größere Einheit von der kleineren Einheit:
Kilogramm und Gramm oder Tonnen und Kilogramm.

Rechnen mit Gewichtsmaßen
Gewichtsangaben können in eine Stellenwerttafel eingetragen werden.
Das hilft bei der richtigen Umwandlung von Gewichtsmaßen in eine größere oder kleinere Maßeinheit.

	t	100 kg	10 kg	1 kg	100 g	10 g	1 g
23 kg			2	3	0	0	0
7,45 kg				7	4	5	0
385,5 kg		3	8	5	5	0	0
1 t	1	0	0	0	0	0	0

Bei Kilogramm- und Tonnenangaben werden die Nullen nach dem Komma oft einfach weggelassen:
2,5 kg = 2,500 kg = 2500 g.
Dabei verändert sich der Wert der Zahl nicht.
Beim Eintragen in eine Stellenwerttafel müssen die Nullen aber geschrieben werden.

Beim Rechnen mit Gewichten werden die Rechenverfahren der vier Grundrechenarten angewendet (vgl. Kapitel Grundrechenarten).
Es gibt allerdings noch einige Besonderheiten, die beachtet werden müssen:

Gewichtsangaben können nur miteinander verglichen, addiert oder subtrahiert werden, wenn sie in der gleichen Maßeinheit stehen. Stehen sie nicht in der gleichen Maßeinheit, müssen sie zunächst in die gleiche Einheit umgewandelt werden.

83 kg + 56 g = 83 000 g + 56 g = 83 056 g = 83 kg 56 g
oder
83 kg + 56 g = 83 kg + 0,056 kg = 83,056 kg

Rechnen mit Kommazahlen
Jede Gewichtsangabe in Kommaschreibweise kann in eine Angabe ohne Kommaschreibweise übertragen werden. Dazu muss die Gewichtsangabe in eine kleinere Einheit umgewandelt werden:

8,750 kg = 8750 g

Spiel-tipp

Wer kann am besten Gewichte schätzen?

Material: Waage (Haushalts- oder Personenwaage)
Spielverlauf: Das Gewicht von Gegenständen in der Küche, im Kinderzimmer … schätzen, aufschreiben und dann mit einer Waage überprüfen. Die Differenz vom geschätzten und dem tatsächlichen Gewicht ausrechnen.
Derjenige, der am besten geschätzt hat, bekommt einen Punkt.
Wer zuerst 10 Punkte gesammelt hat, ist Sieger.

Gewichte

Das Rechnen mit Gewichtsmaßen ist dann ganz einfach (vgl. Kapitel Grundrechenarten). Das Ergebnis muss aber wieder in die größere Einheit umgewandelt werden.
Für die vier Grundrechenarten gibt es deshalb immer zwei Rechenwege. Mögliche Rechenwege für das **schriftliche Addieren** und **Subtrahieren** von Gewichten:

Rechenweg 1: Die Kommazahl in eine Zahl ohne Komma umwandeln, d. h. in die nächstkleinere Einheit. Das Ergebnis muss dann wieder in eine Kommazahl „zurück“-verwandelt werden.

8,750 kg + 13,675 kg = □
8750 g + 13 675 g = □

		8	7	5	0	g
+ 1	1	1 3	1 6	7	5	g
	2	2	4	2	5	g

22 425 g = 22,425 kg

12,638 kg – 5,830 kg = □
12 638 g – 5830 g = □

	1	2	6	3	8	g
–	1	1 5	8	3	0	g
		6	8	0	8	g

6808 g = 6,808 kg

Rechenweg 2: Es wird mit der Kommazahl gerechnet. Beim Addieren und Subtrahieren von Zahlen mit Gewichtsmaßen müssen die Zahlen dabei genau untereinander stehen (Komma unter Komma).

57,375 kg + 4,5 kg

5	7,	3	7	5	kg
1	4,	5	0	0	kg
6	1,	8	7	5	kg

895,250 kg – 241,125 kg

	8	9	5,	2	5	0	kg
–	2	4	1,	1	1 2	5	kg
	6	5	4,	1	2	5	kg

Auf stellengerechtes Schreiben achten!

Beim **schriftlichen Multiplizieren** und **Dividieren** von Zahlen mit Gewichtsmaßen gibt es auch zwei Rechenwege:

Rechenweg 1:

13,375 kg · 6 = 13 375 g · 6

```
1 3 3 7 5 g · 6        8 0 2 5 0 g : 6 = 1 3 3 7 5 g
      8 0 2 5 0 g      6
      8 0, 2 5 0 kg    2 0               = 1 3, 3 7 5 kg
                       1 8
                         2 2
                         1 8
                           4 5
                           4 2
                             3 0
                             3 0
                               0
```

Rechenweg 2:

```
1 3, 3 7 5 kg · 6      8 0, 2 5 0 kg : 6 = 1 3, 3 7 5 kg
      8 0, 2 5 0 kg    6
                       2 0
                       1 8
                         2 2
                         1 8
                           4 5
                           4 2
                             3 0
                             3 0
                               0
```

Schultasche auf dem Prüfstand

Material: gepackte Schultasche, Waage, Papier, Stift
Das eigene Gewicht notieren und durch 10 dividieren. So schwer darf die Schultasche höchstens sein. Die Schultasche wiegen und die beiden Gewichte miteinander vergleichen. Ist die Schultasche schwerer, mit dem Stundenplan überprüfen, was ausgepackt werden kann.
Noch einmal wiegen.

Spiel-tipp

Hohlmaße

Das Fassungsvermögen von kleineren Gefäßen wird in den meisten Ländern Europas in **Liter (l)** oder **Milliliter (ml)** gemessen. Liter und Milliliter gehören zu den **Hohlmaßen.**

Maßeinheiten: 1 l = 1000 ml

Zum Messen des Fassungsvermögens gibt es verschiedene Messinstrumente. Welches verwendet wird, hängt davon ab, was gemessen werden soll. Für kleinere Mengen werden Messbecher oder Messzylinder benutzt, die meistens mit einer Skala versehen sind.

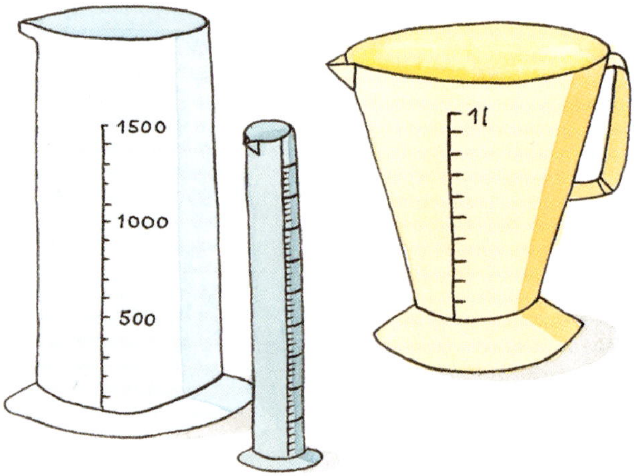

Eine **Skala** ist eine gleichmäßig eingeteilte Anzeigefläche, die dazu dient, einen Wert anzuzeigen. Auf Messbechern ist sie oft noch mit Ziffern versehen. Dadurch kann die Menge, die sich z. B. in einem Messbecher befindet, genau abgelesen werden.

Gleiche Mengenangaben können unterschiedlich angegeben werden.
Sie müssen dann in eine größere oder kleinere Hohlmaßeinheit umgewandelt werden.

← · 1000

1 ml — 1 l

→ : 1000

1 l = 1000 ml

Die grünen Zahlen werden Umwandlungszahlen genannt.

6000 ml = 6 l

Das Fassungsvermögen kann auch in Bruchteilen von einem Liter angegeben werden:

$\frac{1}{2}$ l = $\frac{1}{2}$ von 1 l = 500 ml	gerechnet: 1000 ml : 2 = 500 ml
$\frac{1}{4}$ l = $\frac{1}{4}$ von 1 l = 250 ml	gerechnet: 1000 ml : 4 = 250 ml
$\frac{3}{4}$ l = $\frac{3}{4}$ von 1 l = 750 ml	gerechnet: 1000 ml : 4 = 250 ml
	250 ml · 3 = 750 ml
$\frac{1}{8}$ l = $\frac{1}{8}$ von 1 l = 125 ml	gerechnet: 1000 ml : 8 = 125 ml

Spieltipp

Flüssigkeiten umfüllen

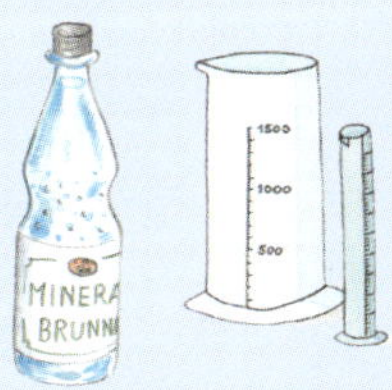

Material: Messbecher, verschieden große durchsichtige Gefäße, Wasser
Mit dem Messbecher 1/2 l Wasser abmessen. An den anderen Gefäßen mit einem wasserlöslichen Stift markieren, wie hoch das jeweilige Gefäß mit dem halben Liter gefüllt sein wird. Anschließend durch Umschütten überprüfen. Was fällt auf?

Hohlmaße

Liter- und Milliliterangaben können auch in Kommaschreibweise aufgeschrieben werden.

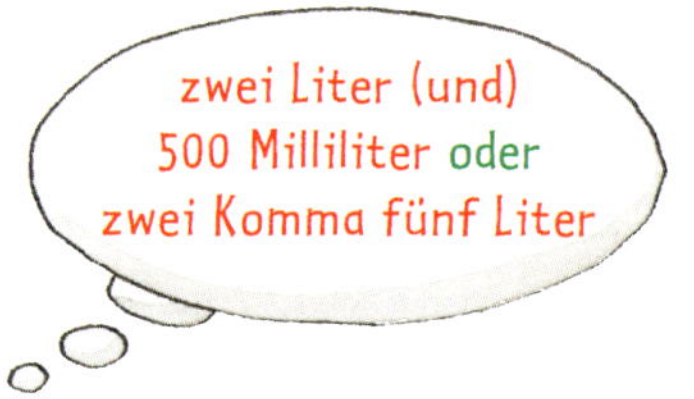

2500 ml = 2 l 500 ml = 2,5 l

Das Komma trennt die größere Einheit von der kleineren Einheit: Liter und Milliliter.

Rechnen mit Hohlmaßen

Mengenangaben in Hohlmaßen können in eine Stellenwerttafel eingetragen werden.
Das hilft bei der richtigen Umwandlung von Mengenangaben in eine größere oder kleinere Maßeinheit.

	100 l	10 l	1 l	100 ml	10 ml	1 ml
17 l		1	7	0	0	0
6,5 l			6	5	0	0
375 ml				3	7	5

Bei Litern lässt man die Nullen nach dem Komma oft einfach weg:
1,5 l = 1,500 l = 1500 ml
Dabei verändert sich der Wert der Zahl nicht.
Beim Eintragen in eine Stellenwerttafel müssen die Nullen aber geschrieben werden.

Beim Rechnen mit Hohlmaßen werden die Rechenverfahren der vier Grundrechenarten angewendet (vgl. Kapitel Grundrechenarten).
Es gibt allerdings noch einige Besonderheiten, die beachtet werden müssen:

Mengenangaben in Hohlmaßen können nur miteinander verglichen, addiert oder subtrahiert werden, wenn sie in der gleichen Maßeinheit stehen. Stehen sie nicht in der gleichen Maßeinheit, müssen sie zunächst in die gleiche Einheit umgewandelt werden.

27 l + 275 ml = 27 000 ml + 275 ml = 27 275 ml =
27 l 275 ml oder
27 l + 275 ml = 27 l + 0,275 l = 27,275 l

Rechnen mit Kommazahlen
Jede Flüssigkeitsangabe in Kommaschreibweise kann in eine Angabe ohne Kommaschreibweise umgewandelt werden. Dann muss die Angabe in eine kleinere Einheit umgewandelt werden:

3,750 l = 3750 ml

Fit bleiben

Material: Messbecher, Papier, Stift, zuckerfreie Getränke
Für das Denken ist es wichtig, mindestens 1,5 l am Tag zu trinken. Einen Tag lang überprüfen, ob man ausreichend trinkt. Dazu jedes Getränk vor dem Trinken in einem Messbecher abmessen und die Milliliter notieren. Am Ende des Tages die Angaben addieren und vergleichen, ob es mindestens 1,5 l waren.

Spiel-tipp

Hohlmaße

Das Rechnen mit Hohlmaßen ist dann ganz einfach (vgl. Kapitel Grundrechenarten). Das Ergebnis muss aber wieder in die größere Einheit umgewandelt werden.
Für die vier Grundrechenarten gibt es deshalb immer zwei Rechenwege. Mögliche Rechenwege für das **schriftliche Addieren** und **Subtrahieren** von Gewichten:

Rechenweg 1: Die Kommazahl in eine Zahl ohne Komma umwandeln, d. h. in die nächstkleinere Einheit. Das Ergebnis muss dann wieder in eine Kommazahl „zurück"-verwandelt werden.

6,250 l + 13,375 l = ☐ 17,368 l – 6,869 l = ☐
6250 ml + 13 375 ml = ☐ 17 368 ml – 6869 ml = ☐

		6	2	5	0	ml
+	1	3	3	7	5	ml
	1	9	$_1$6	2	5	ml

	1	7	3	6	8	ml
–		$_1$6	$_1$8	$_1$6	9	ml
	1	0	4	9	9	ml

19 625 ml = 19,625 l 10 499 ml = 10,499 l

Rechenweg 2: Es wird mit der Kommazahl gerechnet. Beim Addieren und Subtrahieren von Zahlen mit Hohlmaßen müssen die Zahlen dabei genau untereinander stehen (Komma unter Komma).

36,125 l + 6,758 l 367,25 l – 35,855 l

	3	6,	1	2	5	l
+ $_1$		6,	7	$_1$5	8	l
	4	2,	8	8	3	l

	3	6	7,	2	5	0	l
–		3	$_1$5,	$_1$8	$_1$8	5	l
	3	3	1,	3	6	5	l

Auf stellengerechtes Schreiben achten!

Beim **schriftlichen Multiplizieren** und **Dividieren** von Zahlen mit Hohlmaßen gibt es zwei Rechenwege:

Rechenweg 1: Die Kommazahl in eine Zahl ohne Komma umwandeln, d. h. in die nächstkleinere Einheit. Das Ergebnis muss dann wieder in eine Kommazahl „zurück“-verwandelt werden.

15,127 l · 8 = 15 127 ml · 8

```
1 5 1 2 7 ml · 8          1 2 1 0 1 6 ml : 8 = 1 5 1 2 7 ml
-----------------          8
    1 2 1 0 1 6 ml         -
    1 2 1, 0 1 6 l         4 1                 = 1 5, 1 2 7 ml
                           4 0
                           ---
                             1 0
                               8
                               -
                               2 1
                               1 6
                               ---
                                 5 6
                                 5 6
                                 ---
                                   0
```

Rechenweg 2: Es wird mit der Kommazahl gerechnet.

```
1 5, 1 2 7 l · 8          1 2 1, 0 1 6 l : 8 = 1 5, 1 2 7 l
-----------------          8
    1 2 1, 0 1 6 l         -
                           4 1
                           4 0
                           ---
                             1 0
                               8
                               -
                               2 1
                               1 6
                               ---
                                 5 6
                                 5 6
                                 ---
                                   0
```

Zeit

Zeit wird als Abfolge eines Geschehens erfahren. Sie wird als Vergangenheit, Gegenwart und Zukunft erlebt. Die Zeit wird in **Jahren, Monaten, Wochen, Tagen** oder in **Stunden, Minuten** und **Sekunden** gemessen. Als es noch keine Zeitmessinstrumente gab, haben sich die Menschen nach den Jahreszeiten, der Sonne und dem Mond gerichtet. Dennoch lebten sie auch schon nach der „Uhr", indem sie sich am Sonnenstand (Sonnenuhren) oder am rieselnden Sand (Sanduhren) orientierten. Seit dem Mittelalter gibt es mechanische Uhren. Inzwischen gibt es auch elektronische Uhren.

Zeitspannen werden in verschiedenen Einheiten gemessen.

1 Jahr = 12 Monate = 365 Tage oder 366 Tage
1 Monat dauert zwischen 28 und 31 Tagen
1 Woche = 7 Tage
1 Tag = 24 Stunden (h)
1 Stunde = 60 Minuten (min)
1 Minute = 60 Sekunden (s)

Mit diesen Einheiten kann berechnet werden, wie lange etwas dauert oder wann etwas begonnen oder geendet hat.

Die Zeit ist eine Größe, die überall auf der Welt gleich gemessen wird.

Eine **Zeitspanne** oder **Zeitdauer** kann in unterschiedlichen Maßeinheiten angegeben werden. Die Angabe muss dann in eine andere Zeiteinheit umgewandelt werden: in eine größere oder kleinere Einheit.

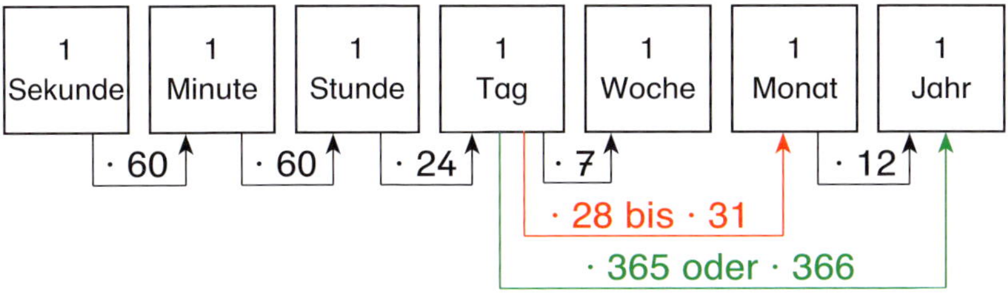

Bei der Zeit gibt es ganz unterschiedliche Umwandlungszahlen. Das macht das Umwandeln von einer Einheit in die andere sehr schwierig.

3 h 20 min = 3 · 60 min + 20 min = 200 min
5 min 4 s = 5 · 60 s + 4 s = 304 s
8 Tage 3 h = 8 · 24 h + 3 h = 195 h
2 Jahre 3 Monate = 2 · 12 Monate + 3 Monate = 27 Monate

Spieltipp

Schätzkönig

Material: Stoppuhr

Ein Mitspieler stoppt die Zeit, der andere schätzt die Zeit.
- Den Kopf so lange auf den Tisch legen, bis eine Minute vergangen ist.
- Auf einem Bein stehen, bis 2 Minuten vergangen sind.
- Schätzen, wie viele Minuten gebraucht werden, um einmal um das Haus zu laufen.

Anschließend werden die Rollen getauscht.
Schätzkönig ist derjenige, der am besten geschätzt hat.

Zeit

Die Zeitdauer oder Zeitspanne kann auch in Bruchteilen angegeben werden.

Minuten als Bruchteile von Stunden:

$\frac{1}{4}$ Stunde = 15 min 60 min : 4 = 15 min	**$\frac{1}{2}$ Stunde = 30 min** 60 min : 2 = 30 min	**$\frac{3}{4}$ Stunde = 45 min** 60 min : 4 = 15 min 15 min · 3 = 45 min

Monate als Bruchteile von einem Jahr:

$\frac{1}{4}$ Jahr = 3 Monate gerechnet: 12 Monate : 4 = 3 Monate

$\frac{1}{2}$ Jahr = 6 Monate gerechnet: 12 Monate : 2 = 6 Monate

$\frac{3}{4}$ Jahr = 9 Monate gerechnet: 12 Monate : 4 = 3 Monate

gerechnet: 3 Monate · 3 = 9 Monate

So heißen die **Monate:**
Januar, Februar, März, April, Mai, Juni, Juli, August, September, Oktober, November, Dezember.
So heißen die **Wochentage:**
Montag, Dienstag, Mittwoch, Donnerstag, Freitag, Samstag, Sonntag.

Beim Rechnen mit Zeitmaßen wird unterschieden, ob eine **Zeitdauer** oder **Zeitspanne** oder ein **Zeitpunkt** berechnet werden soll.

Der Unterschied wird auch durch die verschiedenen Schreibweisen deutlich.

Zeitdauer/Zeitspanne:

Der Ausflug dauert 6 Stunden.
Er brauchte $1\frac{1}{2}$ Stunden für die Hausaufgaben.

Zeitpunkt:

Es ist 7.30 Uhr.
Die Schule beginnt um 8.00 Uhr.

Pfeilbilder können helfen, Zeitspannen auszurechnen oder Zeitpunkte zu bestimmen.

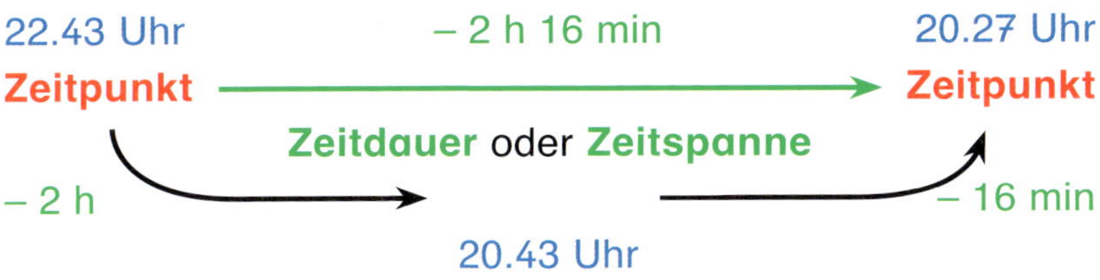

Sachrechnen

Sachaufgaben sind meistens in Textform geschrieben. Die Texte müssen ganz genau gelesen werden, um aus ihnen die richtigen Daten für die Rechnung herauszufinden.

Folgende zehn Schritte können dabei helfen, die richtigen Angaben zu finden:

1. Die Aufgabe genau lesen (manchmal hilft auch laut lesen).

2. Alle wichtigen Angaben unterstreichen.
3. Über die Frage noch einmal nachdenken oder selbst eine mögliche Frage finden. ?
4. Überlegen, ob eine Zeichnung möglich ist, um die Rechnung zu verdeutlichen.
5. Die einzelnen Rechenschritte aufschreiben. $245 + 53 = \_\_\_$
6. Wenn möglich eine Überschlagsrechnung machen. $250 + 50 = 300$
7. Die Rechenschritte ausrechnen und aufschreiben.
8. Das Ergebnis mit dem Überschlag vergleichen. | 298 | 300 |
9. Zur genauen Kontrolle des Ergebnisses die Umkehraufgabe rechnen. $298 - 53 = 245$!
10. Eine passende Antwort aufschreiben.

Bei Sachaufgaben sind die Zahlen meistens in Maßeinheiten angegeben. Deshalb ist ein sicherer Umgang mit den Umwandlungszahlen wichtig.

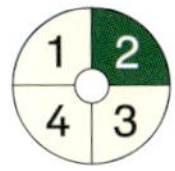

Schritt 1: Lesen: „Für eine Theateraufführung …“

Schritt 2: Unterstreichen

Für eine Theateraufführung stellt eine Klasse mit <u>24 Kindern</u> Tiermasken her. Für <u>jede Tiermaske</u> wird ein <u>Gummiband von 42 cm</u> benötigt. Auf der <u>Gummibandrolle</u> sind <u>15 m</u>. <u>Wie viel Gummiband bleibt auf der Rolle übrig?</u>

Schritt 3:

Schritt 4:

Schritt 5:

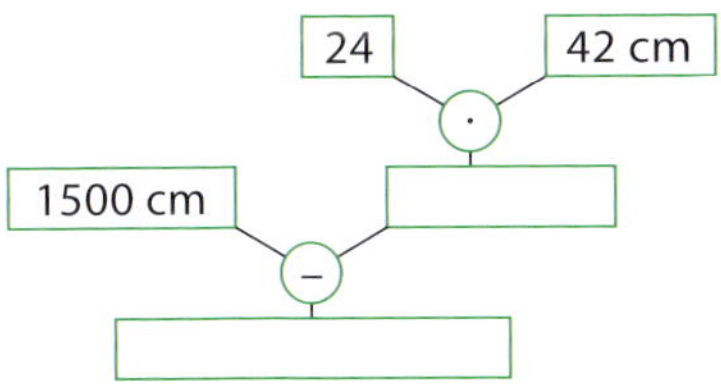

Schritt 6: 25 · 40 cm = 1000 cm 1500 cm – 1000 cm = 5 m

Schritt 7:

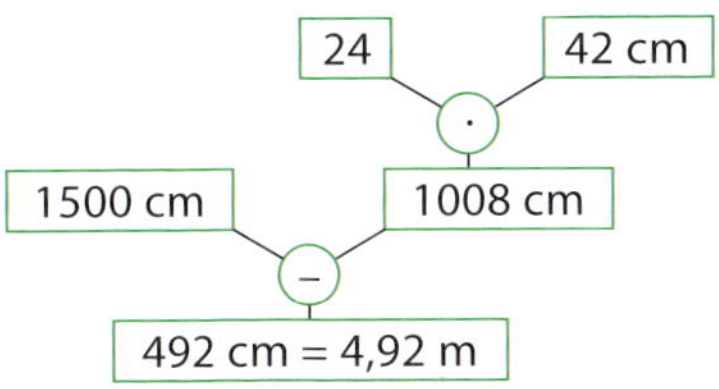

Schritt 8: Überschlag 5 m, gerechnet 4,92 m

Schritt 9: 1008 cm + 492 cm = 1500 cm
1008 cm : 24 = 42 cm

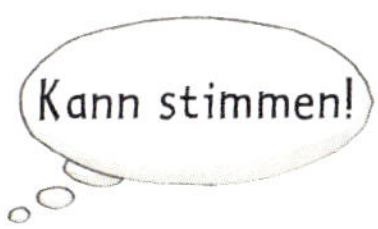

Schritt 10: Es bleiben 4,92 m Gummiband übrig.

Rechenwege veranschaulichen

Manchmal ist es schwierig, die richtigen Rechenwege zu finden. Dann kann ein Schaubild oder eine Zeichnung helfen, die Rechenwege zu verdeutlichen.

Pfeilbild

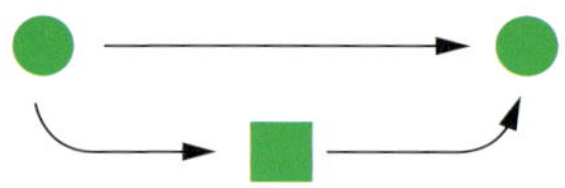

Rechenbaum

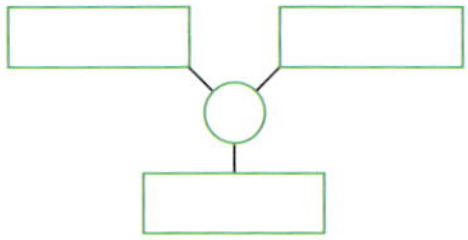

Zeichnung

Tabelle

Der Rechenbaum oder die Tabelle eignen sich besonders, wenn von der Einheit zur Mehrheit oder umgekehrt gerechnet werden soll.

Von der Einheit zur Mehrheit:

1 Ananas kostet 2,50 €. Wie viel kosten 4 Ananas?

Rechenbaum

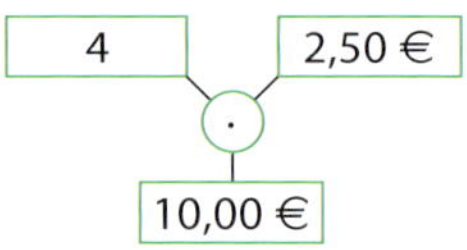

Tabelle

· 4	1	2,50 €	· 4
	4	10,00 €	

Von der Mehrheit zur Einheit:

1 Dose mit 12 Bleistiften kostet 8,40 €. Was kostet ein Bleistift?

Rechenbaum

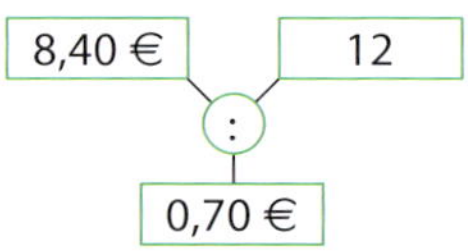

Tabelle

: 12	12	8,40 €	: 12
	1	0,70 €	

Es gibt aber auch Textaufgaben, die nicht gelöst werden können, weil Angaben fehlen. Diese Aufgaben werden **Kapitänsaufgaben** genannt.

Ein Kranführer und 15 Hafenarbeiter laden 25 Container auf ein Schiff. Sie brauchen dazu $1\frac{1}{2}$ Stunden. Wie alt ist der Kapitän?

Diese Aufgabe ist nicht lösbar, weil hier Angaben fehlen, um das Alter des Kapitäns zu errechnen.

In der großen Pause werden Brezeln verkauft. Eine Brezel kostet 52 ct. Wie viel Geld wurde eingenommen, wenn vorher 8,50 € Wechselgeld in der Kasse waren?

Diese Aufgabe ist nicht lösbar, weil die Angabe fehlt, wie viele Brezeln verkauft wurden oder aber wie viel Geld insgesamt in der Kasse ist.

Wer ist der Kapitän?

Material: Kappe oder Hut
Spielverlauf: Einer der Mitspieler erzählt eine Sachaufgabe. Die Mitspieler wissen nicht, ob diese lösbar ist oder nicht. Wer eine nicht lösbare Aufgabe zu rechnen beginnt, bekommt den Hut und muss sich eine neue Aufgabe ausdenken.

Spiel-
tipp

Sachrechnen

Bei Sachaufgaben kann es vorkommen, dass die Angaben aus einem **Schaubild,** einem **Diagramm** oder einer **Tabelle** entnommen oder aber Ergebnisse in einem Schaubild, in einem Diagramm oder in einer Tabelle dargestellt werden müssen.

Tabelle:

Kreisdiagramm:

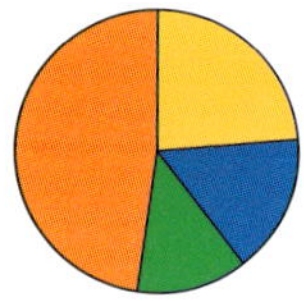

Streifendiagramm:

Säulendiagramm:

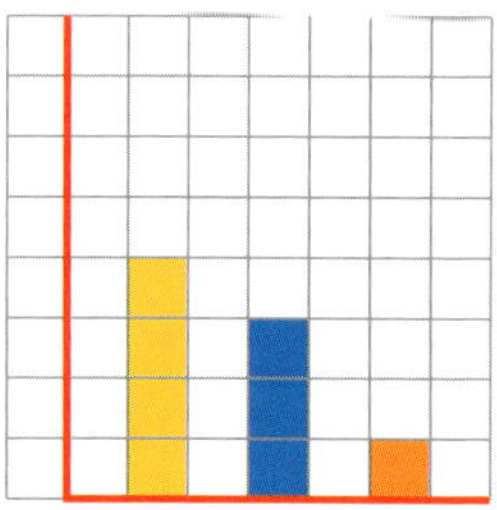

Balkendiagramm:

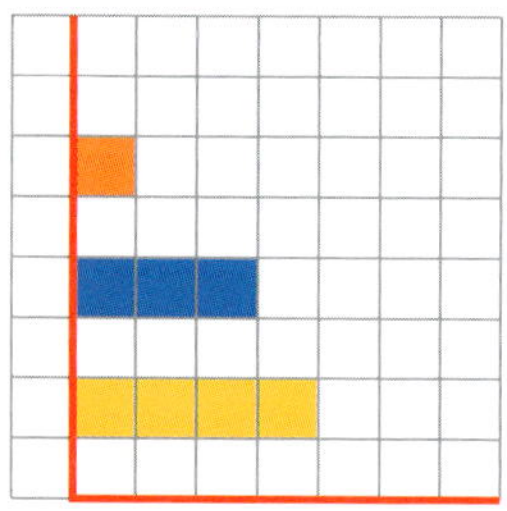

Säulen- oder Balkendiagramme werden häufig auf Millimeterpapier gezeichnet.

Aus Diagrammen können vielfältige Informationen entnommen werden.

Eine Aufgabe lautet in Textform:

In der Klasse 4 b sind 30 Schüler. 15 Schüler kommen mit dem Bus, 9 mit dem Fahrrad und 6 gehen zu Fuß in die Schule.

Die Angaben könnten auch aus folgenden Schaubildern abgelesen werden: Wie viele Kinder kommen mit dem Fahrrad, wie viele mit dem Bus, wie viele gehen zu Fuß? Wie viele Kinder sind in der Klasse?

Tabelle:

	Fahrrad	Bus	zu Fuß
Kinder der 4 b	𝍸 IIII	𝍸 𝍸 𝍸	𝍸 I

oder

Anzahl Kinder	Fahrrad	Bus	zu Fuß
6			X
9	X		
15		X	

Bei Kreis-, Streifen- und Säulendiagramm kann mit einem Blick die größte Menge erkannt werden: Die meisten Kinder fahren mit dem Bus.

Säulendiagramm:

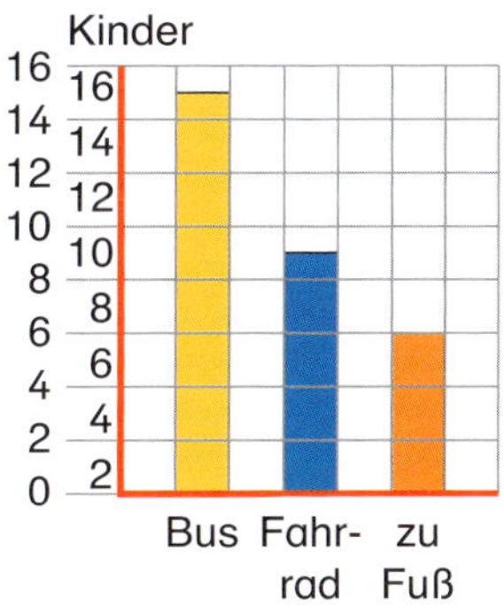

Kreisdiagramm:

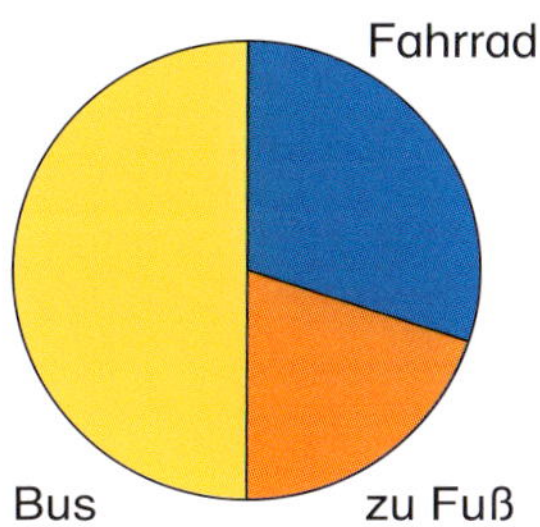

Streifendiagramm:

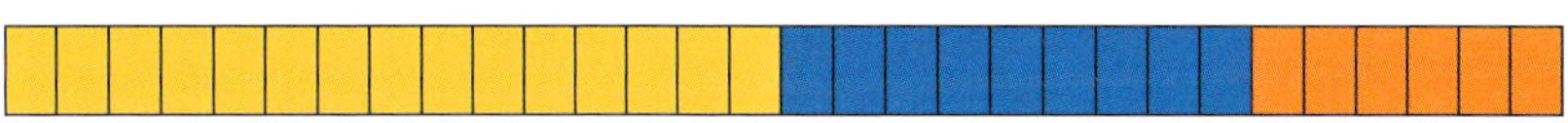

Sachrechnen

Bei Aufgaben zur **Wahrscheinlichkeit** geht es darum, den Ausgang einfacher Zufallsexperimente einzuschätzen. Der Ausgang ist nicht eindeutig, kann aber manchmal mit einer gewissen Wahrscheinlichkeit vorausgesagt werden, weil es Ergebnisse gibt, die häufiger zutreffen als andere. Zu den Zufallsexperimenten gehören z. B. Aufgaben mit Würfeln, das Münzwerfen, Streichhölzerziehen, Loseziehen …

Würfle mit drei Würfeln. Addiere die Augenzahlen. Welche Zahl kommt häufiger vor?

☒	☐
10	15

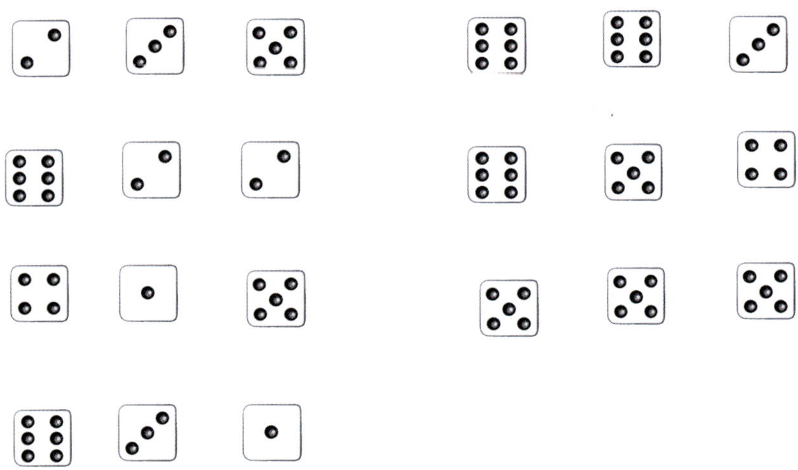

Die Ergebnisse von Zufallsexperimenten können auf verschiedene Arten dargestellt werden, z. B. mit Notationen, Strichlisten, Diagrammen, Tabellen …

Das Ergebnis eines Zufallsexperimentes wird mit den Begriffen **unmöglich, sicher, wahrscheinlich** beschrieben.

unmöglich: Das Ergebnis kann in keinem Fall eintreten

wahrscheinlich: Das Ergebnis kann eintreten.

sicher: Das Ergebnis tritt immer ein.

	un-möglich	wahr-scheinlich	sicher
Beim Würfeln mit zwei Würfeln ist die Summe der Augenzahl größer als 1.	○	○	⊗
Wenn ich eine Münze werfe, fällt sie auf die Zahl.	○	⊗	○
Wenn ich mit einem Würfel würfle, erhalte ich die Zahl 7.	⊗	○	○
In einem Säckchen sind rote und gelbe Murmeln. Franzi zieht zuerst eine rote Murmel.	○	⊗	○

Vorhersagen auf künftige Ergebnisse, die als **wahrscheinlich** eingestuft werden, können noch genauer betrachtet werden.
Vergleiche von **Wahrscheinlichkeiten** können an einem **Wahrscheinlichkeitsstrich** verdeutlicht werden. Dieser gleicht einem Rechenstrich.

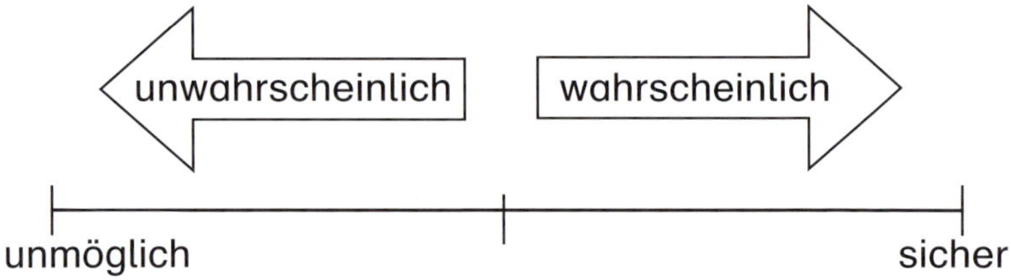

Glücksrad:

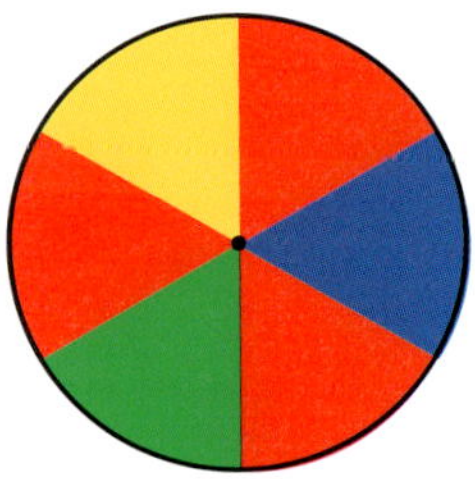

Farbe	**getroffen**
gelb	IIII
rot	~~IIII~~ ~~IIII~~ III
grün	~~IIII~~ I
blau	II

unmöglich	**wahrscheinlich**	**sicher**
------	**gelb, rot grün, blau**	------

Wie hoch ist die Gewinnchance bei der Farbe rot und wie hoch bei den anderen Farben?

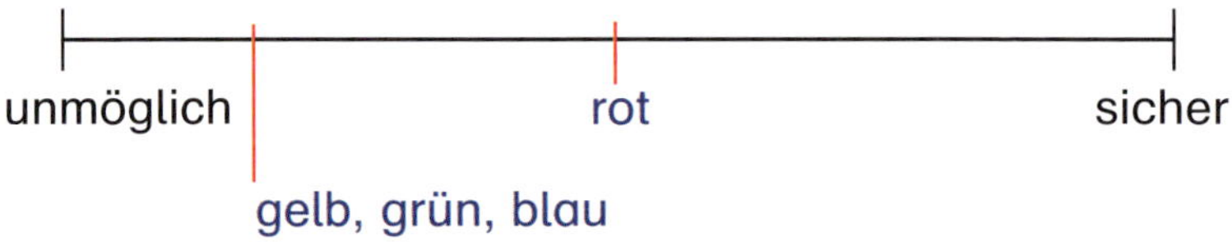

Der Ausgang von **Zufallsexperimenten** kann auch durch die Kombination der verschiedenen Möglichkeiten vorhergesagt werden. Dafür eignen sich zeichnerische Lösungsmöglichkeiten, z. B. das Baumdiagramm.

Nic hat ein Murmelsäckchen mit 15 roten, 15 blauen und 15 grünen Murmeln. Er nimmt nacheinander zwei Murmeln aus dem Säckchen. Wie viele Möglichkeiten für das Ergebnis gibt es?

1. Murmel

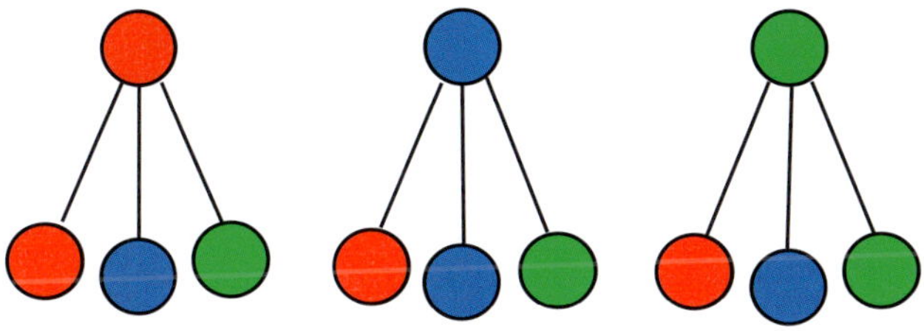

2. Murmel

Es gibt 9 Möglichkeiten.

Nic nimmt immer zwei Murmeln auf einmal aus dem Murmelsäckchen. Welche Paare sind möglich?

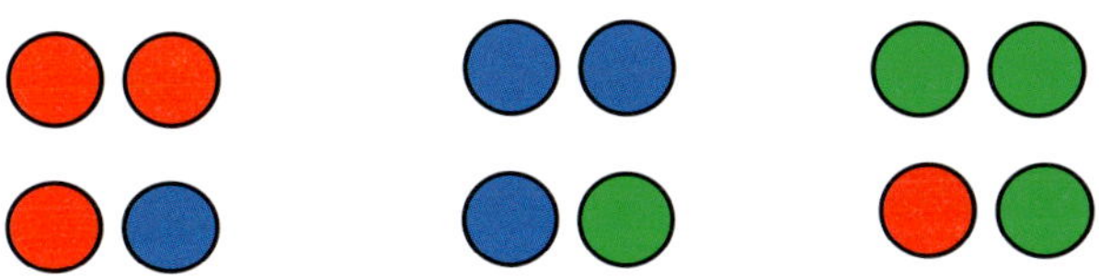

Es gibt 6 verschiedene Paare.

Ein Baumdiagramm zeigt deutlich auf, dass Handlungsschritte nacheinander ausgeführt werden.

Geld, Längen, Gewichte und Hohlmaße umwandeln

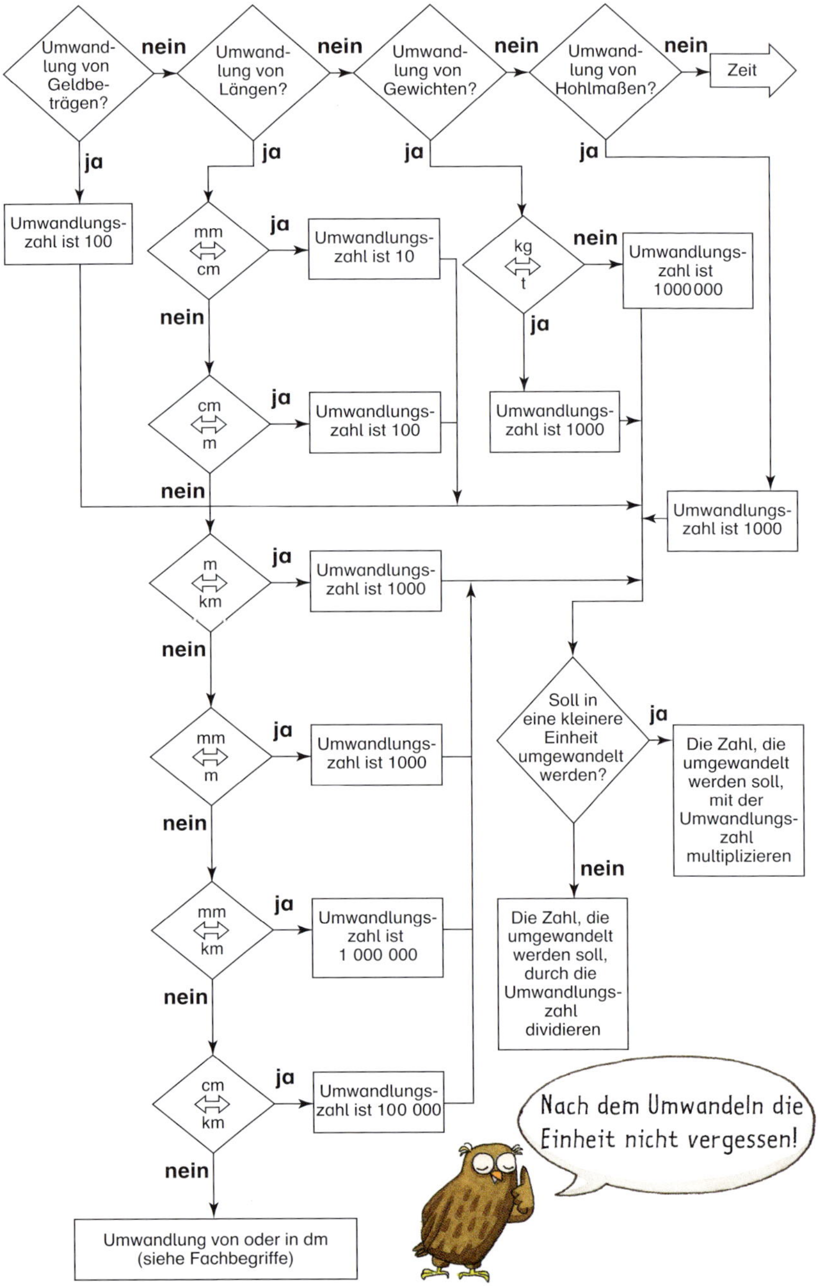

Sekunden, Minuten, Stunden, Tage und Wochen umwandeln

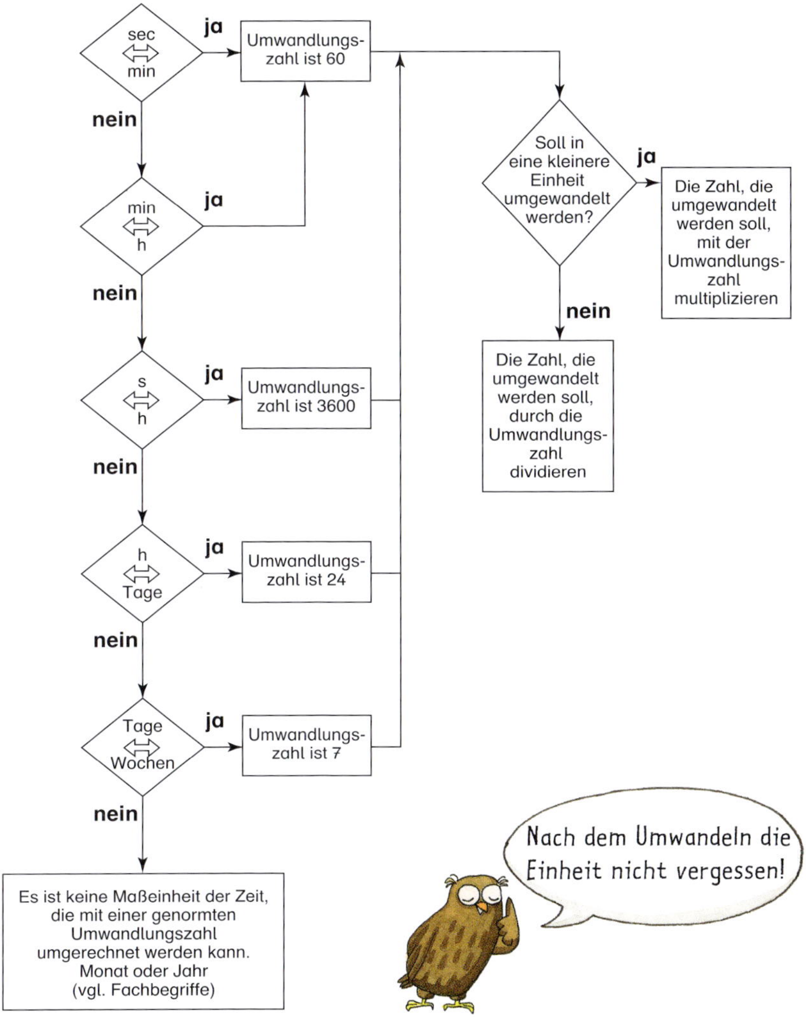

Lagebeziehungen

Lagebeziehungen zu erkennen und zu beschreiben gehört zu den ersten Raumerfahrungen. Dazu werden Begriffe der räumlichen Lage benutzt, wie z. B.:

Diese Begriffe helfen, sich in einem vorgegebenen Raum zu orientieren.

Wo liegt die große rote Zange?

Sie liegt neben dem Werkzeugkasten. Sie liegt auf der linken Seite und unter der Säge.

Die kleinen Wörter über, unter, hinter, neben, zwischen … heißen **Verhältniswörter** (Präpositionen), weil sie genau den Platz angeben, wo etwas ist.

Wegbeschreibung

Von der Schule zur Kirche: An der Schule rechts gehen – an der ersten Möglichkeit nach links gehen – an der nächsten Querstraße gleich wieder nach links gehen – an der nächsten Abzweigung nach rechts gehen – die Kirche steht auf der rechten Straßenseite.

Maßstab

Dinge, die in der Wirklichkeit sehr groß oder sehr klein sind, können auf Papier nicht in der echten Größe abgebildet werden. Deshalb werden sie verkleinert oder vergrößert.

verkleinert   Originalgröße   vergrößert

Spieltipp

Was ist vergrößert, was ist verkleinert?

Material: Zeitschriften, Schere, Papier, Klebstoff
In Zeitschriften Bilder ausschneiden und nach **vergrößert**, **verkleinert** oder **Originalgröße** ordnen und aufkleben.

Maßstab

Das rechte Bild ist **maßstabsgetreu** vergrößert, sodass durch Umrechnung eine richtige Größenvorstellung entsteht.

1 : 1 3 : 1

Als **Maßstab** wird das Verhältnis zwischen der abgebildeten Größe und der entsprechenden Größe in der Wirklichkeit bezeichnet.

3 : 1
Sprechweise: drei zu eins

Der Maßstab 3 : 1 bedeutet:
Der große Marienkäfer ist 3-mal so lang wie in Wirklichkeit oder: Der Marienkäfer ist so vergrößert, dass er 3-mal länger ist als in Wirklichkeit.

1 : 100
Sprechweise: eins zu hundert

Der Maßstab 1: 100 bedeutet:
Das Haus ist 100-mal kleiner als in Wirklichkeit oder: Das Haus ist so verkleinert, dass es 100-mal kleiner ist als in Wirklichkeit.

Alle Seiten der Figur B sind doppelt so lang wie die der Figur A: Der Maßstab ist also 2 : 1.

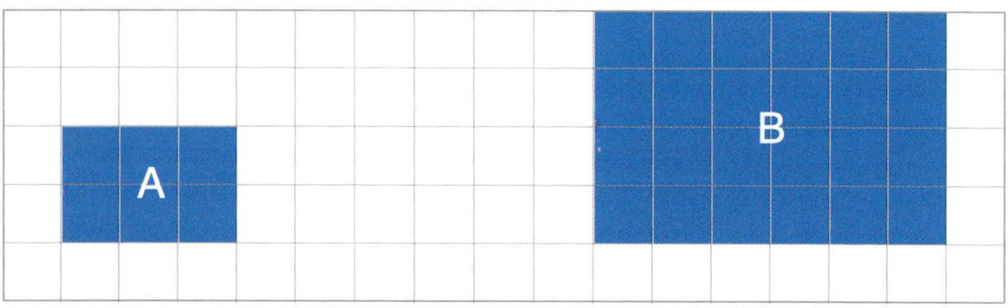

Bei Grundrissen von Gebäuden oder Zimmern, bei Stadtplänen, Land- und Wanderkarten ist immer ein Maßstab angegeben, damit ihre Maße in der Wirklichkeit berechnet werden können.

Schulhof:

7 cm

2 cm

Maßstab 1: 1000

So wird gerechnet:

7 cm · 1000 = 7000 cm = 70 m

2 cm · 1000 = 2000 cm = 20 m

In der Wirklichkeit ist der Schulhof 70 m lang und 20 m breit.

Plan einer Wohnung:

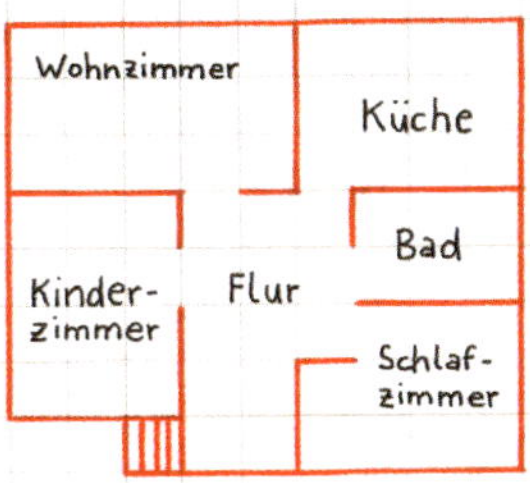

Maßstab 1: 300

Stadtplan:

Maßstab 1 : 10 000

Wenn beim Maßstab die größere Zahl zuerst steht, ist das Bild vergrößert. Steht die kleinere Zahl zuerst, ist das Bild verkleinert.

Ebene Figuren

Ebene Figuren bestehen aus einer **Fläche.** Sie werden nach der Anzahl ihrer **Ecken** benannt.

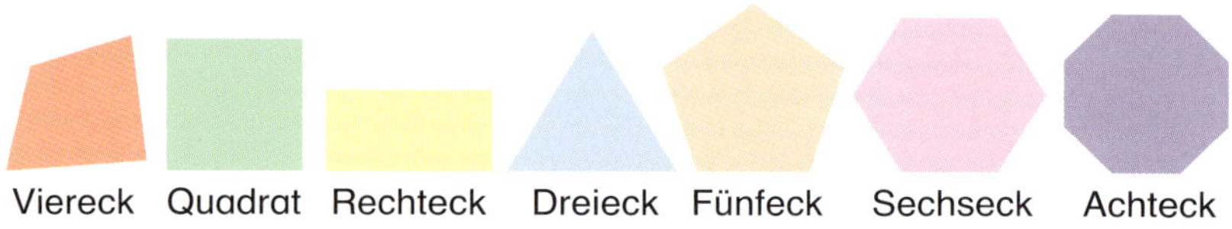

Jedes **Viereck** hat vier Ecken und vier Seiten. Ein Viereck, bei dem die zwei gegenüberliegenden Seiten gleich lang sind, heißt Rechteck. Ein besonderes Rechteck ist das Quadrat. Seine vier Seiten sind alle gleich lang.

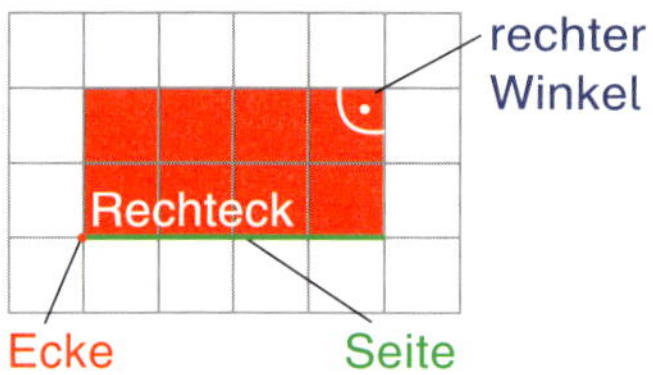

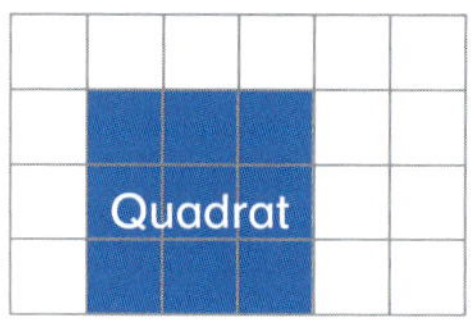

Jedes **Dreieck** hat drei Ecken und drei Seiten. Es gibt besondere Dreiecke:

Ein Dreieck, bei dem alle drei Seiten gleich lang sind, heißt gleichseitiges Dreieck.

Ein Dreieck, bei dem nur zwei Seiten gleich lang sind, heißt gleichschenkliges Dreieck.

Ein Dreieck, das einen rechten Winkel hat, heißt rechtwinkliges Dreieck.

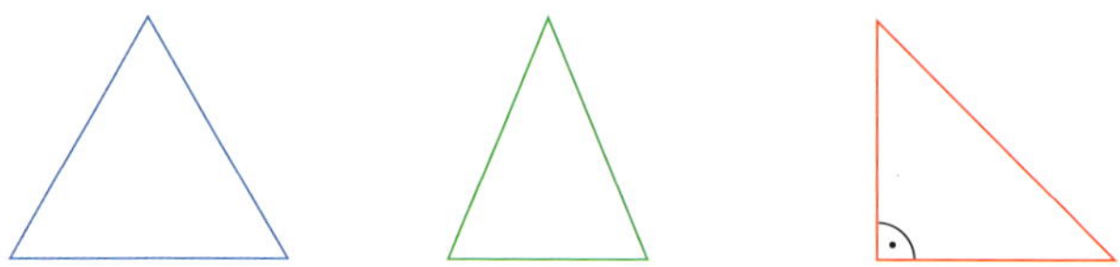

Ein rechter Winkel hat 90 ° (neunzig Grad).

Der **Kreis** gehört auch zu den ebenen Figuren, obwohl er keine sichtbaren Ecken hat. (vgl. Geometrisches Zeichnen Seite 170).

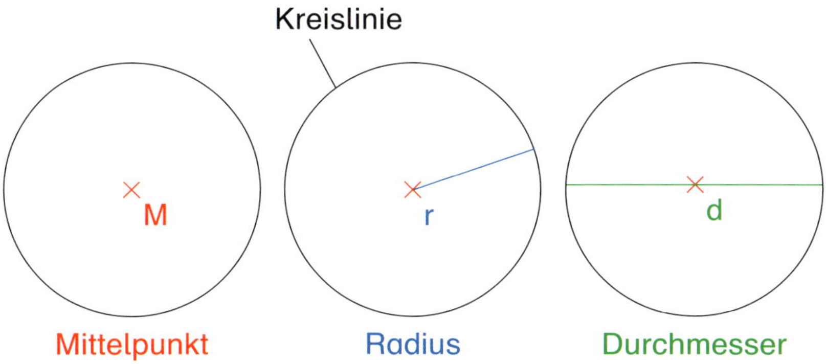

Spiel-tipp

Legespiel herstellen

Material: quadratisches Papier (mindestens 15 cm · 15 cm), Schere
Das Quadrat so falten, dass diese Faltlinien entstehen:

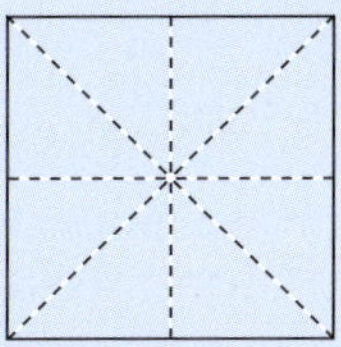

An den Faltlinien entlangschneiden, sodass acht Dreiecke entstehen.

- Mit allen acht Dreiecken Figuren frei legen.
- Nach Vorschrift legen:
  - verschieden große Quadrate, Rechtecke und Dreiecke;
  - mit allen acht Dreiecken ein Quadrat, dann ein Rechteck und dann ein Dreieck.

Ebene Figuren

Mit ebenen Figuren können freie Figuren, Muster, Bandornamente und Parkette erfunden, gelegt und gezeichnet werden.

Figuren:

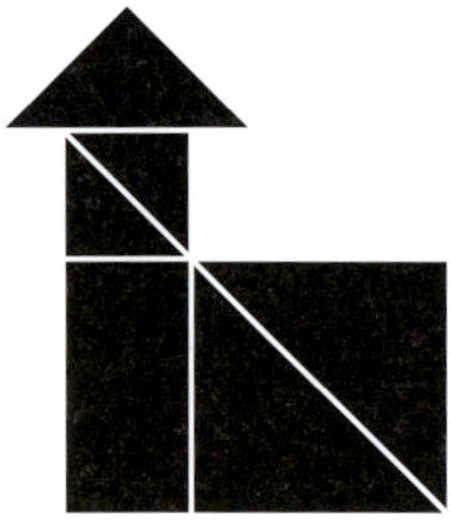

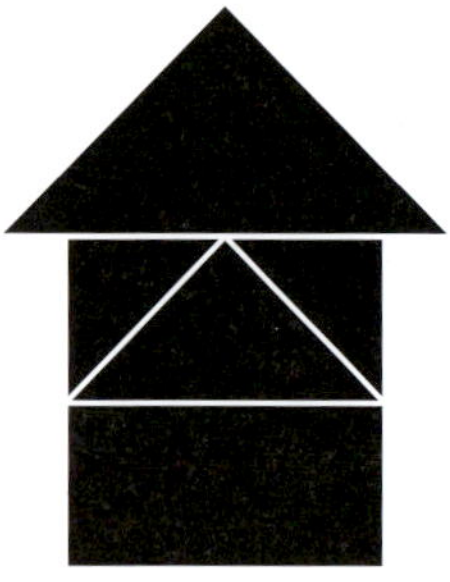

Muster:

Bandornament:

Parkette:

Bei Parketten wird ähnlich wie bei einem Parkettfußboden eine Fläche mit gleichen Figuren ohne Zwischenräume ausgelegt.
Das wird auch Parkettierung genannt.

Bei ebenen Figuren wird der **Umfang einer Figur** so berechnet: Alle **Seitenlängen** der Figur werden addiert.

Figur A: 2 cm + 1 cm + 2 cm + 1 cm = 6 cm
Figur B: 2 cm + 1 cm + 1 cm + 1 cm + 1 cm + 2 cm = 8 cm
Figur C: 1,5 cm + 2 cm + 1,5 cm + 2 cm = 7 cm
Figur D: 2 cm + 0,5 cm + 0,5 cm + 0,5 cm + 0,5 cm + 0,5 cm + 0,5 cm + 0,5 cm + 0,5 cm + 2 cm = 8 cm

Bei ebenen Figuren kann die **Größe der Fläche** (Flächeninhalt) berechnet werden. Sie kann mit quadratischen Karos ☐ oder mit Zentimeterquadraten ausgemessen werden. So sieht ein Zentimeterquadrat aus:

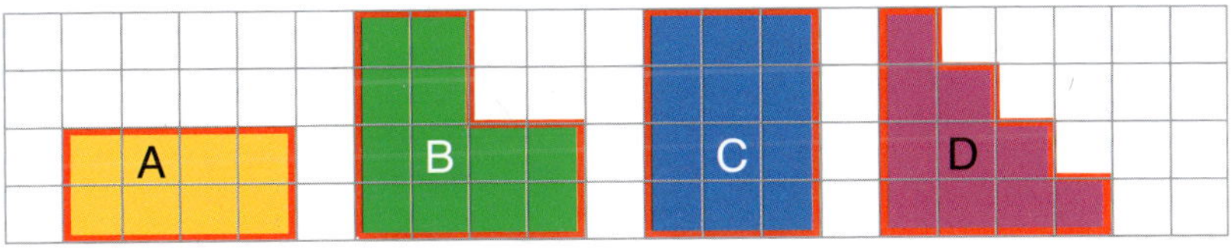

	Figur A	Figur B	Figur C	Figur D
Umfang (cm)	6 cm	8 cm	7 cm	8 cm
Flächeninhalt ☐	8	12	12	10
Flächeninhalt ⊞	2	3	3	$2\frac{1}{2}$

Sprechweise: Die Fläche ist 8 Karos groß. Oder:
Die Fläche ist 2 Zentimeterquadrate groß.

Spieltipp: Parkettmuster erfinden

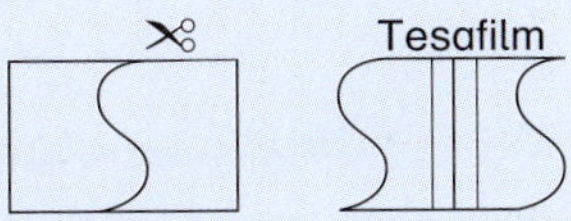

Material: Rechteck aus Fotokarton, Schere, Tesafilm, Papier, Stift
Von einem Rechteck ein Stück abschneiden und an der rechten Seite ankleben. Mit dieser Schablone kann ein Parkettmuster gezeichnet werden.

Spieltipp

Geometrische Körper

Geometrische Körper sind räumliche Gebilde.

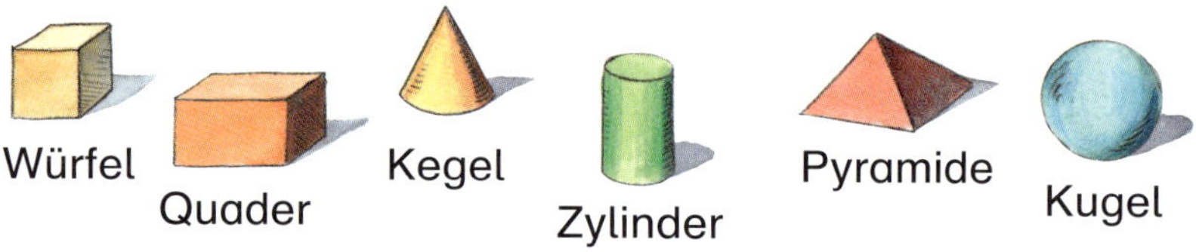

Viele Körper haben **Flächen, Kanten** und **Ecken.** Die Anzahl ist je nach Körper unterschiedlich.

Flächenmodell eines Quaders:

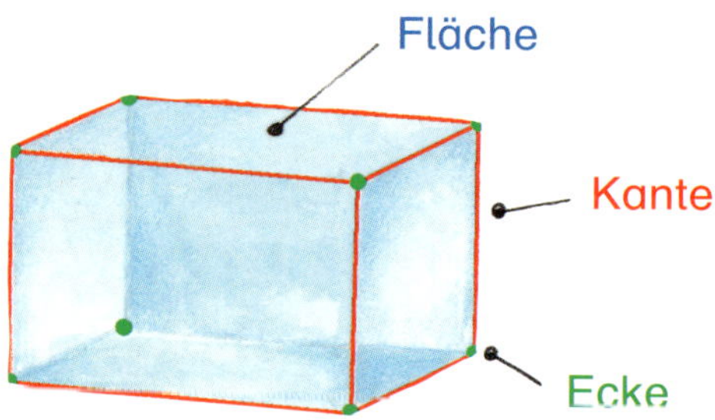

Kantenmodell eines Quaders:

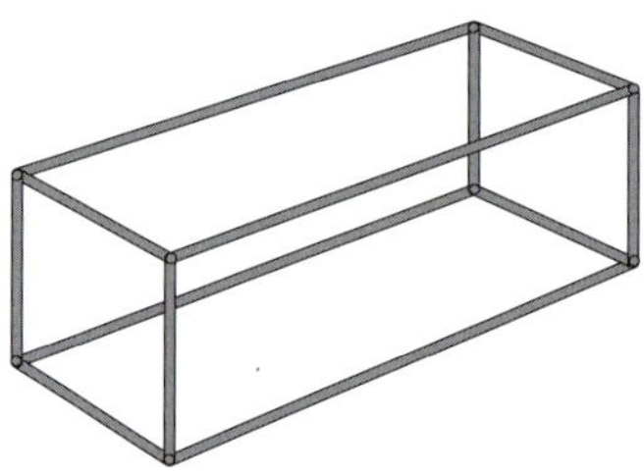

Ein Würfel ist ein besonderer Quader. Er hat genauso viele Ecken, Flächen und Kanten wie ein Quader, aber seine Flächen sind quadratisch und nicht rechteckig.

Wenn Körperformen gezeichnet werden, dann entstehen Schrägbilder.

Schrägbilder von Quadern:

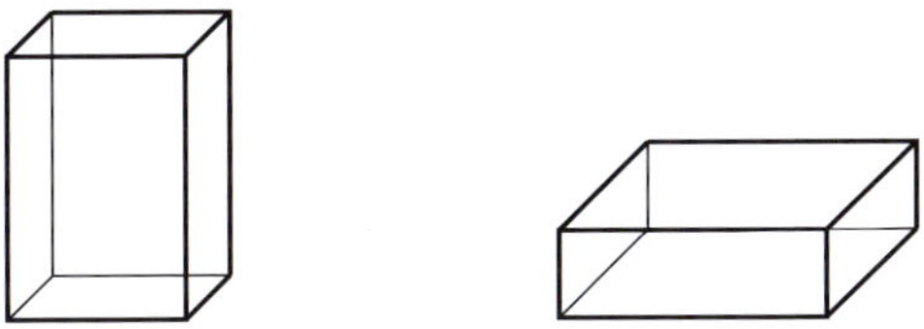

Das sind zwei Schrägbilder des gleichen Quaders. Sie sind nur von verschiedenen Seiten abgebildet.

Schrägbilder von Würfeln:

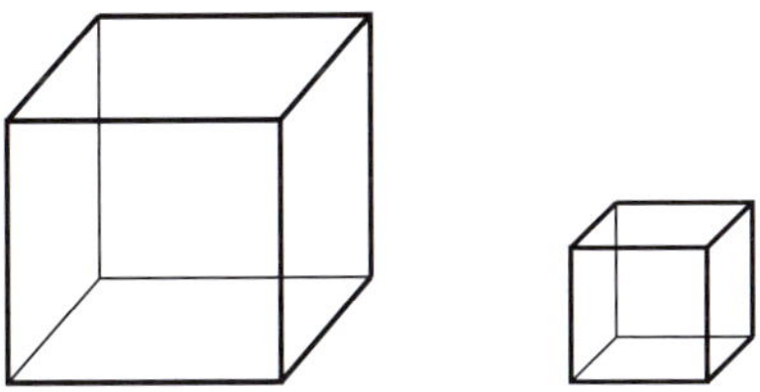

Spieltipp

Körperformen entdecken

Material: Haushaltsgegenstände, Tuch

Spielverlauf: Körperformen an Gegenständen im Haushalt entdecken, z. B.: CD-Hülle, Buch, Ball, Schuhkarton …
Einem Mitspieler die Augen verbinden.
Er muss ertasten, um welche Körperform es sich handelt. Schwieriger wird es, wenn er auch noch die Ecken, Kanten und Flächen blind zählen muss. Die Körperform, die richtig erfühlt und benannt wurde, wird auf die Seite gestellt. Dann wird getauscht.

Geometrische Körper

Einen Körper kann man von verschiedenen Seiten betrachten:

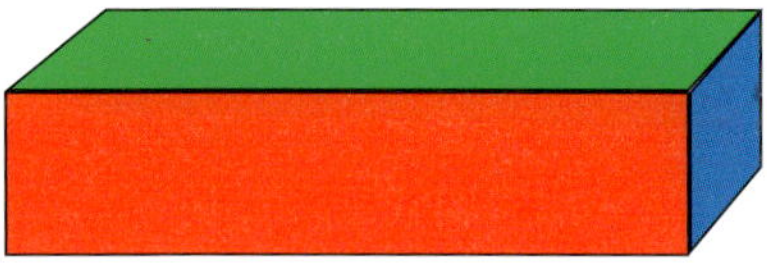

– von vorne: Vorderansicht

– von der Seite: Seitenansicht

– von oben: Draufsicht

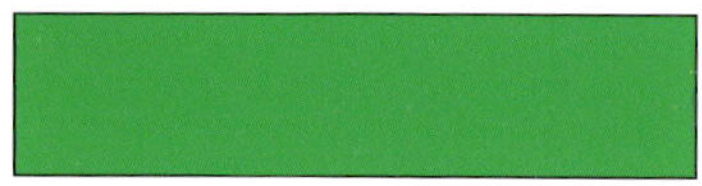

Körper können zu neuen Körpern zusammengesetzt werden. Dabei können verschiedene Körper aufeinander gesetzt werden.

Vorderansicht

von der Seite (von rechts)

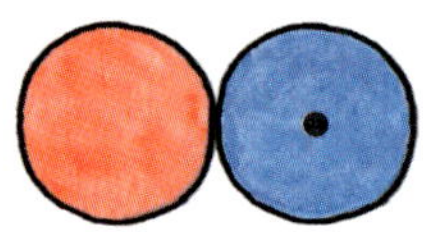

Draufsicht

Bei einem Einheitswürfel haben alle Kanten eine Länge (Kantenlänge) von 1 cm.

Wenn ein zusammengesetzter Körper nur aus Würfeln besteht, wird das als Würfelbau bezeichnet. Meistens werden dazu **Einheitswürfel** verwendet. Zu jedem Würfelbau kann ein Bauplan erstellt werden oder umgekehrt. Der Bauplan wird so aufgeschrieben, dass jeder Würfel der Grundfläche mit der Zahl 1 notiert wird. Stehen mehrere Würfel aufeinander, wird die Anzahl der übereinander stehenden Würfel angegeben.

3	1
	1
	1

Dieser Würfelbau besteht aus 6 Würfeln.

2	2	3	4
2	1	1	1
3	1	1	1
4	1	1	1

Dieser Würfelbau besteht aus 29 Würfeln.

Körpernetze

Jeder Körper kann so aufgeklappt werden, dass ein Netz entsteht. Ein Körpernetz hat die Eigenschaft, dass die aufgeklappten Flächen so zusammenhängen, dass der Körper daraus durch Klappen wieder zusammengebaut werden kann.

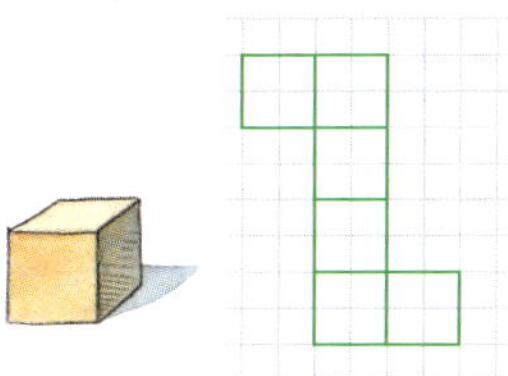

Würfelnetz

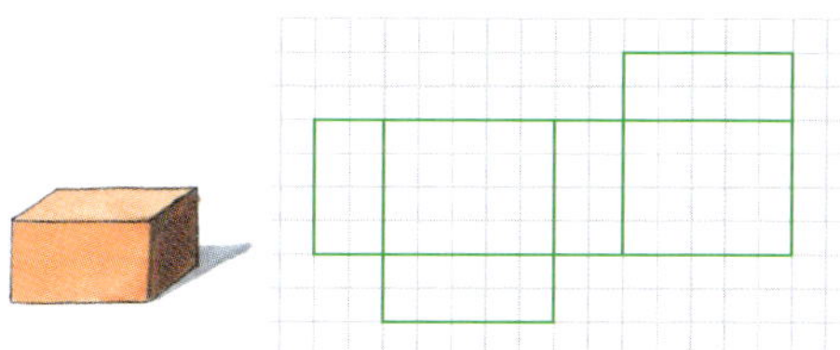

Quadernetz

Kegelnetz

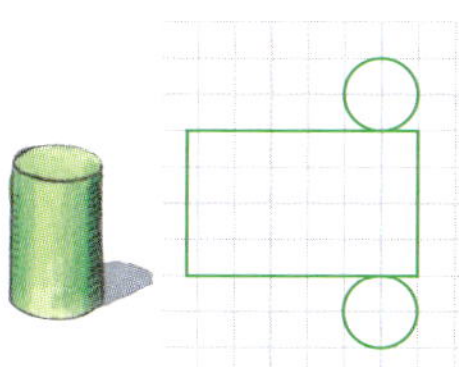

Zylindernetz

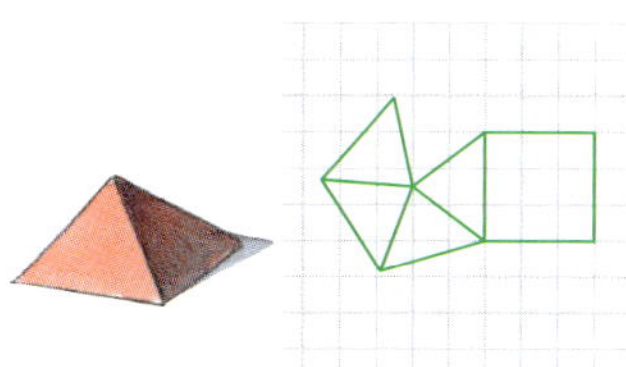

Pyramidennetz

Das sind Arbeitsmittel, die bei Aufgaben zur **Achsensymmetrie** wichtig sind.

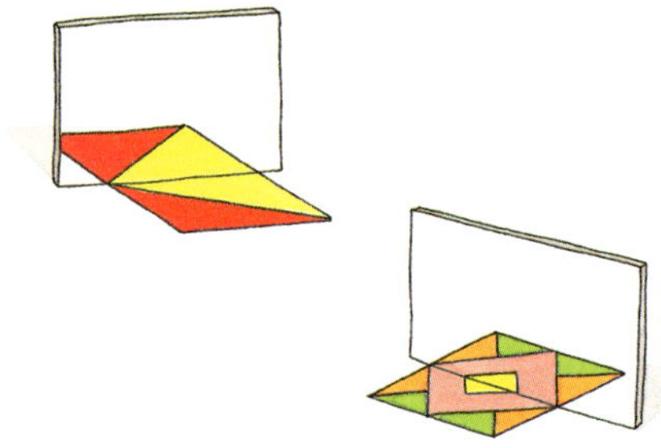

Handspiegel

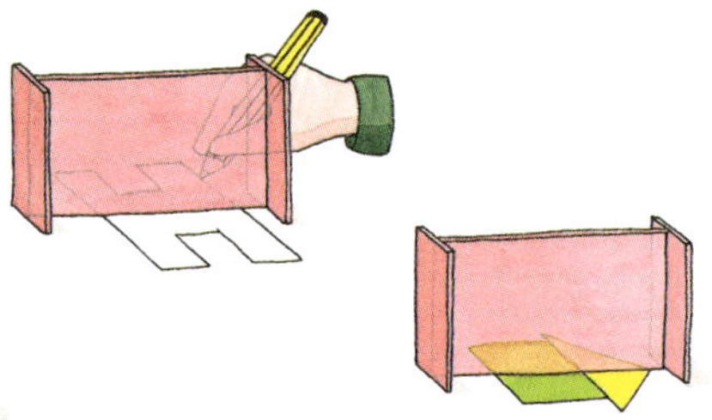

Zauber- oder Mira-Spiegel

Der Handspiegel

Der Handspiegel kann zum Spiegeln von Gegenständen oder zum Überprüfen von Spiegelbildern benutzt werden.

Der Zauberspiegel

Der Zauberspiegel ist ein durchsichtiger Geometriespiegel mit einem Standfuß. Er reflektiert wie ein Spiegel und ist durchsichtig wie Glas. Wird dieser Spiegel vor eine Abbildung (z. B. eine geometrische Figur) gestellt, ist das Spiegelbild auf dem Papier hinter der farbigen Scheibe zu sehen. Das Spiegelbild kann dann mühelos nachgezeichnet werden.

Spiel-tipp

Einen Zauberspiegel herstellen

Material: Farbige Plexiglasscheibe (ca. 10 cm · 18 cm), 2 Holzklötzchen

Die Holzklötzchen als „Füße" mit einem durchsichtigen Kleber an das Plexiglas kleben.

Fertig ist der Zauberspiegel.

Fast überall gibt es achsensymmetrische Figuren.

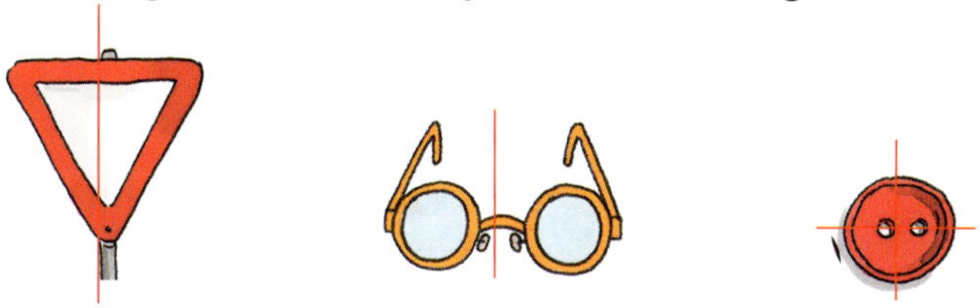

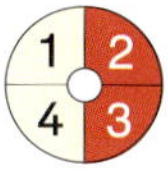

Die Achsensymmetrie ist eine Form der Symmetrie, die auftritt, wenn entlang einer **Symmetrieachse** gespiegelt wird. Deshalb heißt die Symmetrieachse auch **Spiegelachse.** Manchmal heißt die Spiegelachse auch Faltachse, da durch Falten überprüft werden kann, ob etwas symmetrisch ist.
Ebene Figuren können eine oder auch mehrere Symmetrieachsen haben.

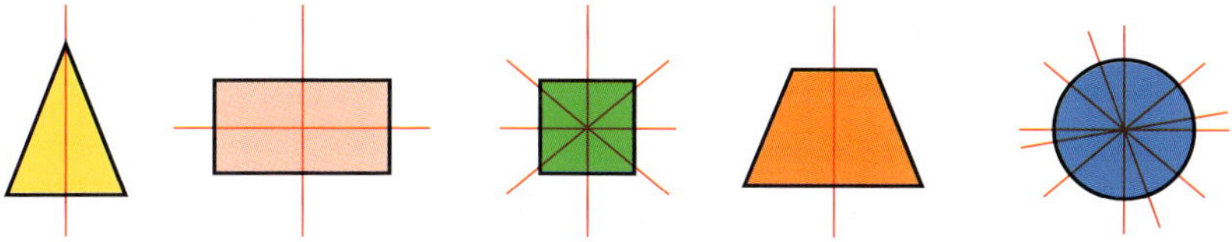

Achsensymmetrische ebene Figuren können auch am **Geobrett** gespannt werden.

Bei symmetrischen Figuren kommt es nicht nur auf die **Form**, sondern auch auf die **Größe** und **Farbe** an. Wenn Bild und Spiegelbild genau gleich sind, dann sind sie **deckungsgleich,** d. h. **achsensymmetrisch.**

Symmetrie

Abgebildete Figuren können mit einem Spiegel oder einem Zauberspiegel auf Achsensymmetrie überprüft werden. Der Spiegel muss genau auf der Spiegelachse stehen. Wenn die Hälfte vor dem Spiegel und die Hälfte im Spiegel genau gleich sind, dann ist die Figur achsensymmetrisch.

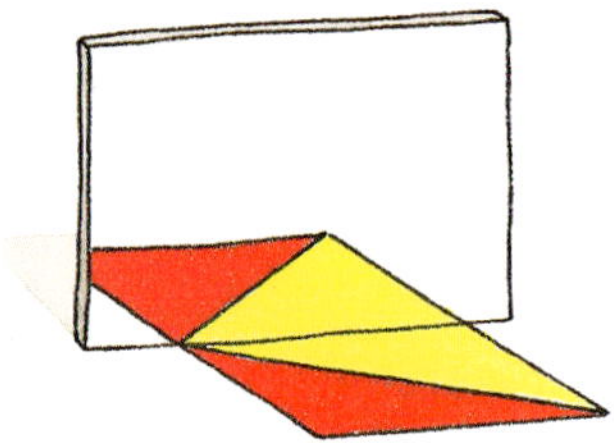

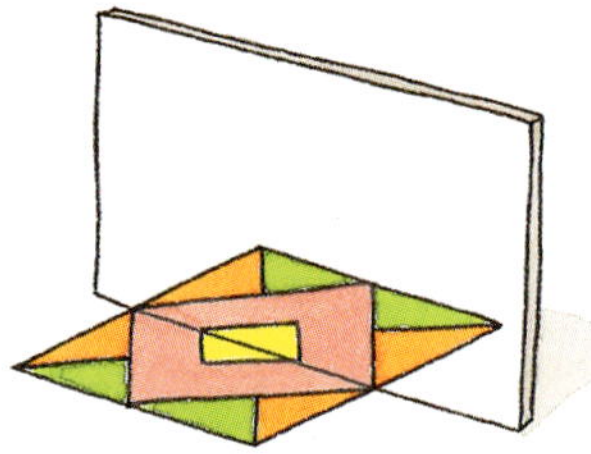

Mit einem Zauberspiegel ist es noch einfacher. Wenn die Linien der Figur vor dem Spiegel sich mit den Linien hinter dem Spiegel genau decken, dann ist die Figur achsensymmetrisch.

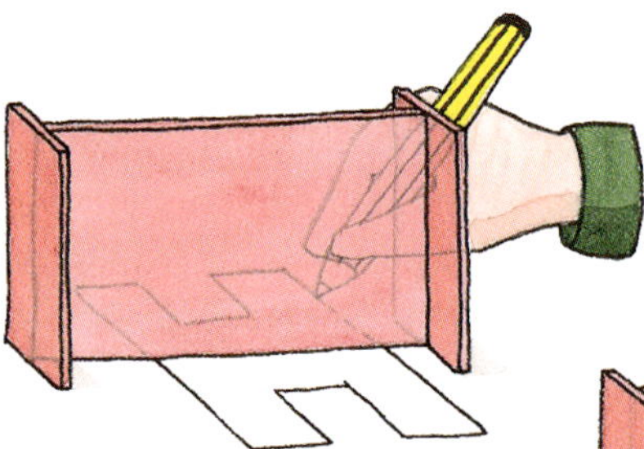

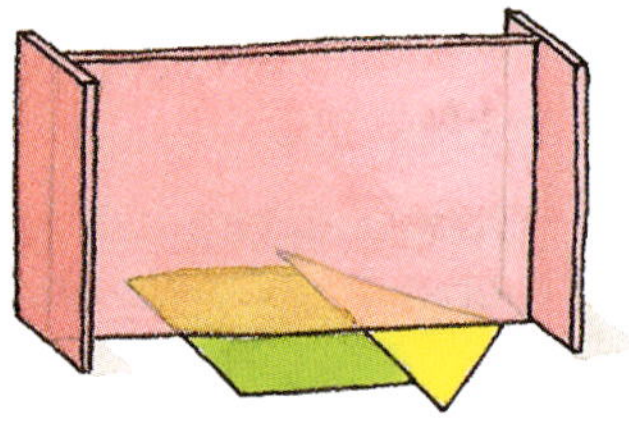

Linkshänder müssen das Blatt so drehen, dass sie auf der linken Seite des Spiegels zeichnen können.

Achsensymmetrische Figuren, bei denen nur eine Hälfte vorgegeben ist, können auch mit einem Hand- oder Zauberspiegel gezeichnet werden. Ohne Spiegel geht es ganz leicht, wenn die eine Hälfte auf Karopapier vorgegeben ist.

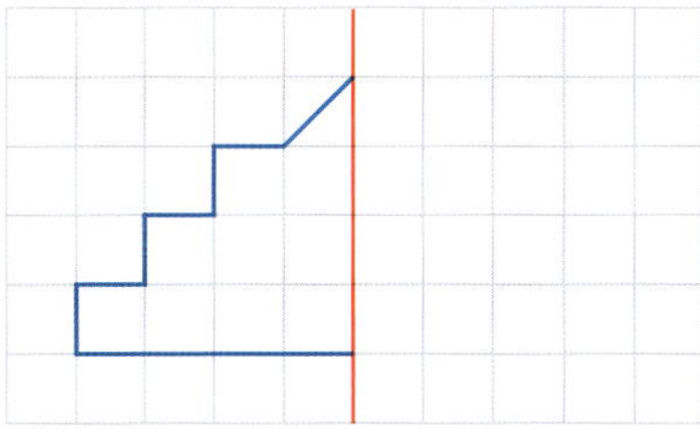

Drehsymmetrie

Drehsymmetrie ist auch eine Form der Symmetrie. Eine Figur ist drehsymmetrisch, wenn sie durch Drehung um einen Drehpunkt und mit einem gewissen Drehwinkel wieder mit sich selbst zur Deckung kommt. Es gibt weniger drehsymmetrische als achsensymmetrische Figuren.

drehsymmetrisch

nicht drehsymmetrisch

Spieltipp

Faltschnitt-Memory

Material: Quadratisches farbiges Papier (ca. 9 cm · 9 cm), Schere, Klebstoff, unbedruckte Memorykärtchen

Papier in der Mitte falten und eine halbe Figur ausschneiden. Die ausgeschnittene Figur und den gefalteten Rest auf die Memorykärtchen kleben. Ungefähr 20 Paare herstellen und dann als Memory spielen.

Geometrisches Zeichnen

Das sind wichtige Zeichengeräte, die zum geometrischen Zeichnen gebraucht werden:

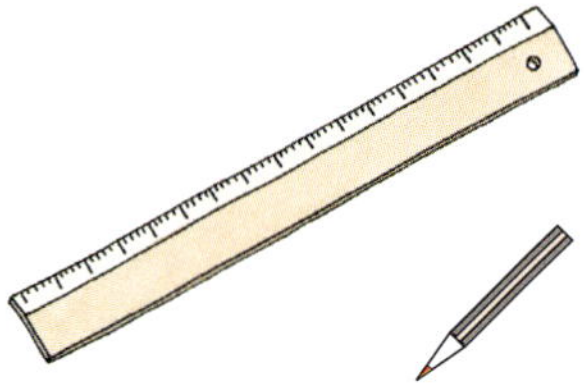

Lineal und Bleistift

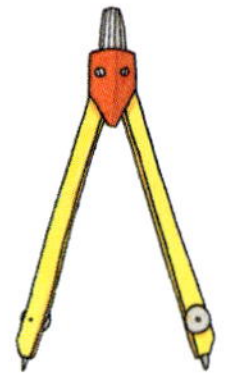

Zirkel

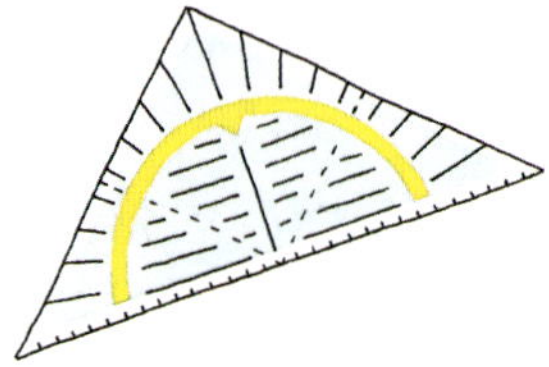

Geodreieck

Das Lineal

Lineale werden hauptsächlich zum Zeichnen und Messen von geraden Linien benutzt (vgl. auch Längen, Seite 169).

Der Zirkel

Ein Zirkel ist ein Gerät, mit dem ein Kreis um einen gegebenen Punkt gezogen werden kann.
Zirkel bestehen aus zwei Schenkeln. Der eine Schenkel hat eine Metallspitze, mit der in das Papier eingestochen wird. Der andere Schenkel hat meistens eine Bleistiftmine, mit der die Kreislinie gezogen wird.

Das Geodreieck

Das Geodreieck ist ein Dreieck, das zwei gleich lange Seiten (Schenkel) und eine dritte, etwas längere Seite (Grundseite) hat. Die beiden gleich langen Seiten schließen einen rechten Winkel ein.

Beim geometrischen Zeichnen kommt es besonders auf Genauigkeit an. Deshalb müssen Bleistifte und die Mine des Zirkels immer gespitzt sein. Ein guter Radiergummi gehört auch dazu.

Auf dem Geodreieck sind Linien und Skalen abgedruckt:

- Auf der langen Seite ist eine Millimeter-Skala wie auf einem Lineal, aber der Nullpunkt liegt in der Mitte und nicht links auf der Skala.
- Im Halbkreis und auf den gleich langen Seiten ist eine Winkelskala von 0° bis 180°.
- Parallele Linien zu der Grundseite im Abstand von 5 Millimetern helfen, parallele Strecken besser zeichnen zu können.
- Senkrecht zu der Grundseite ist im Nullpunkt die Höhe eingezeichnet, mit deren Hilfe sich sehr genau rechte Winkel zeichnen lassen.

Mit Lineal und Geodreieck können gerade Linien gezogen werden.

Die Gerade

Eine gerade Linie heißt Gerade, wenn sie nicht durch Endpunkte begrenzt ist.

Die Länge einer Geraden kann deshalb nicht gemessen werden.

Die Strecke

Eine gerade Linie heißt Strecke, wenn sie durch einen Anfangs- und einen Endpunkt begrenzt ist.

Die Länge einer Strecke $\overline{AB}$ kann gemessen werden.

Der Strahl

Eine gerade Linie heißt Strahl, wenn sie durch einen Anfangs-, aber keinen Endpunkt begrenzt ist.

Die Länge eines Strahls kann deshalb nicht gemessen werden.

Geometrisches Zeichnen

Winkel können durch Falten oder auch durch Zeichnen mit dem Geodreieck hergestellt werden. Winkel, die durch Falten entstehen, werden auch Faltwinkel genannt. Ein besonderer Winkel ist der rechte Winkel. Er ist genau 90 ° groß. In der Geometrie werden **rechte Winkel** immer besonders gekennzeichnet: ⦜
Wenn Linien senkrecht zueinander stehen, dann schließen sie einen rechten Winkel ein. Solche Linien können auch durch Falten oder durch Zeichnen mit dem Geodreieck entstehen.

Falten:

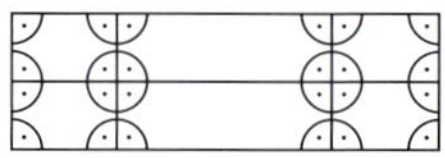

Zeichnen:

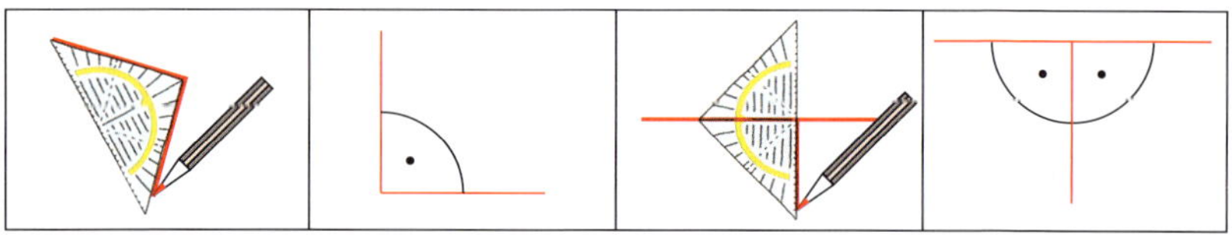

Auch **Rechtecke** und **Quadrate** lassen sich ganz einfach mit dem Geodreieck zeichnen.

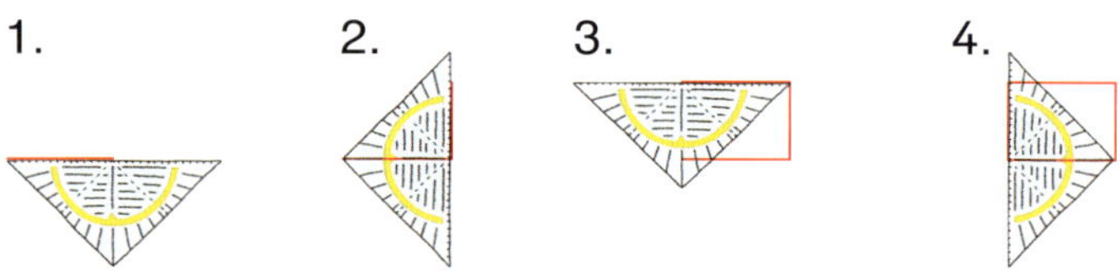

Zwei Linien stehen **senkrecht** zueinander ⊥, wenn sie an ihren Schnittpunkten rechte Winkel miteinander bilden. Zwei Linien sind **parallel** zueinander, wenn sie den gleichen Abstand voneinander haben || =.

Parallele Linien können durch Falten entstehen.

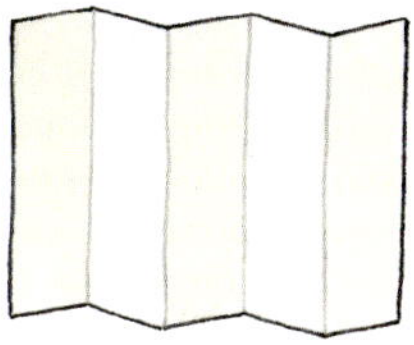

Parallele Linien können nur mit dem **Geodreieck** so gezeichnet werden:

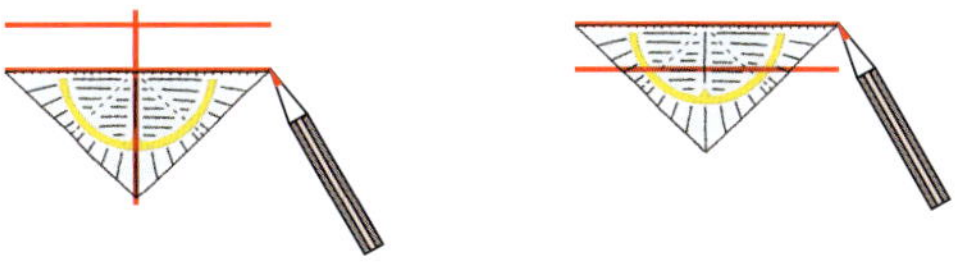

Oder sie werden mit **Lineal** und **Geodreieck** gezeichnet:

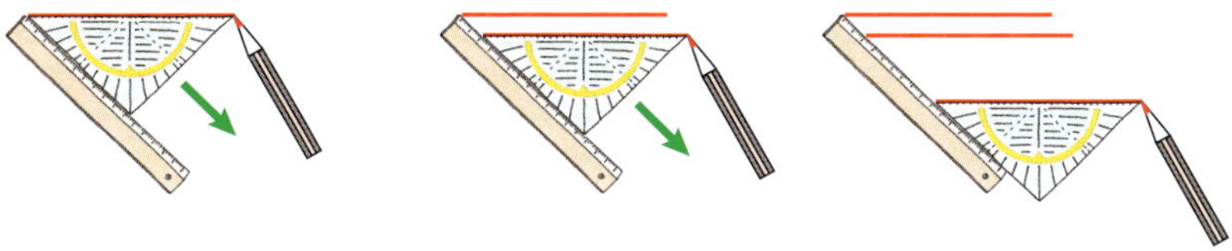

Mit **parallelen Linien** und **senkrecht zueinander stehenden Linien** können viele Muster gezeichnet werden (vgl. Ebene Figuren, Seite 157).

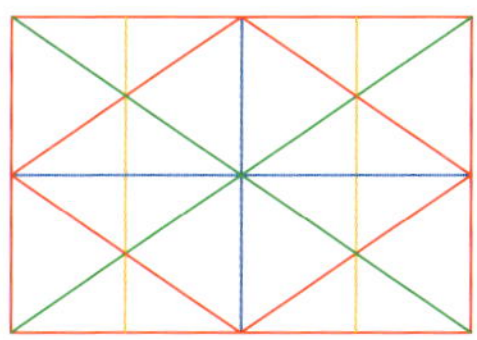

Spiel-tipp

Das schönste Lesezeichen

Material: Geodreieck, Stifte, Papier, Schere, Klebstoff
Mit dem Geodreieck auf Papier eigene Muster zeichnen. Farbig gestalten, ausschneiden und auf einen Kartonstreifen kleben. Fertig ist das Lesezeichen!

Geometrisches Zeichnen

Kreise können gezeichnet werden, indem man runde Gegenstände wie Schablonen mit einem Stift umfährt.

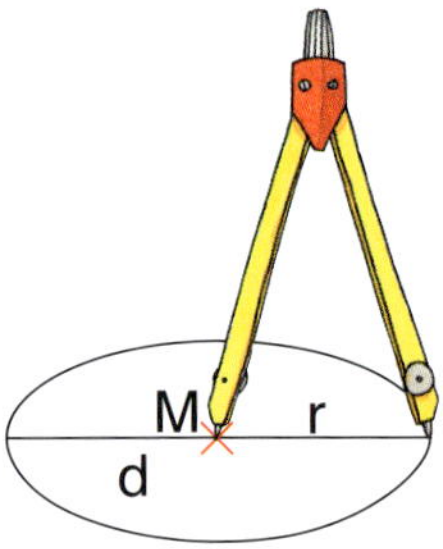

Mit dem **Zirkel** kann man viele verschiedene Kreise genau zeichnen (vgl. Ebene Figuren, Seite 154).

Der Einstichpunkt heißt **Mittelpunkt** (M). Die Strecke, um die der Zirkel geöffnet ist, heißt **Radius** (r). Der doppelte Radius heißt **Durchmesser** (d). Die Linie, die der Zirkel zeichnet und die die Kreisfläche begrenzt, heißt **Kreislinie.**

Auch mit dem Zirkel können Muster gezeichnet werden. Manchmal werden dazu auch nur Teile eines Kreises gebraucht. Das sind Kreisteile:

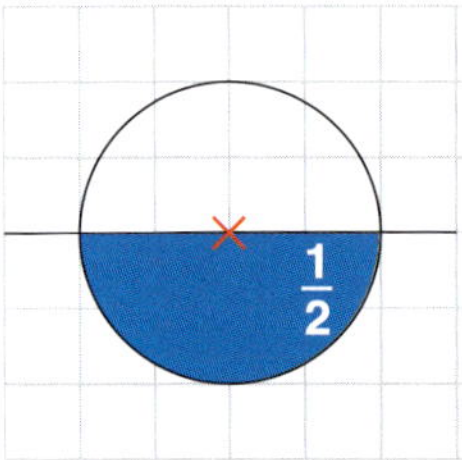

Halbkreis

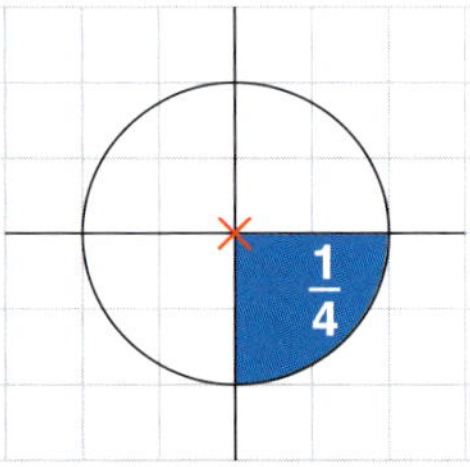

Viertelkreis

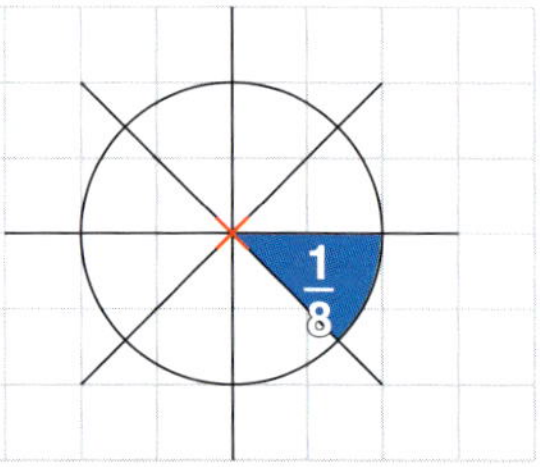

Achtelkreis

Der Zirkel wird beim Zeichnen (Schlagen) eines Kreises an der Zirkelschraube gehalten.

Kreismuster

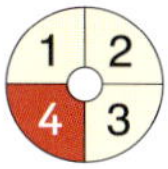

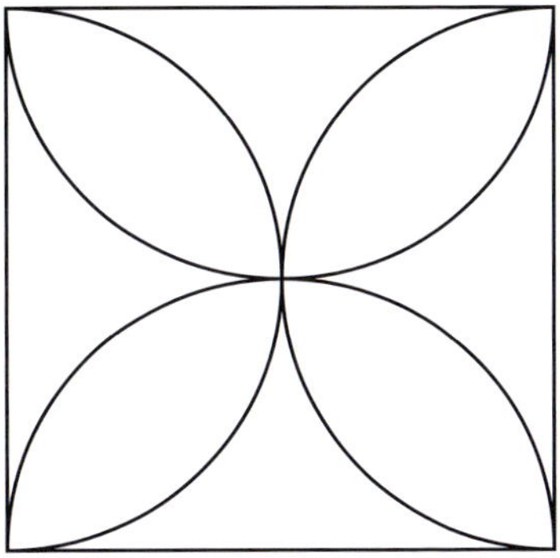

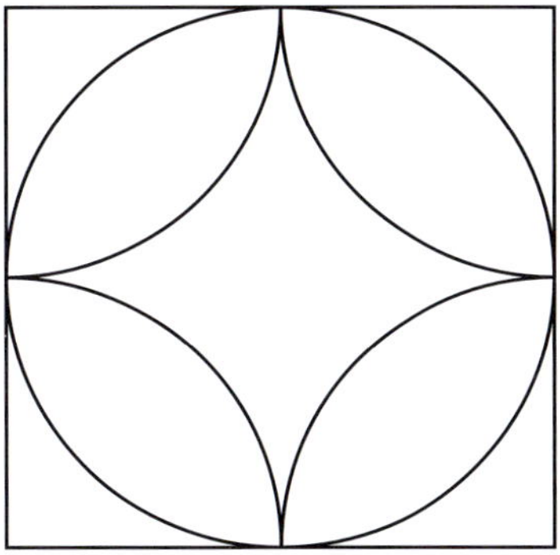

Diese Kreismuster werden **Rosetten** genannt, weil sie so aussehen wie Rosen.

Spiel-tipp

Rosetten kopieren

Material: Papier, Zirkel
Spielverlauf: Ein Mitspieler entwirft eine Rosette, ohne dass die anderen sehen, wie sie entsteht.
Wer die Rosette am schnellsten mit dem Zirkel nachzeichnen kann, darf die nächste Rosette entwerfen.

Ebene Figuren erkennen

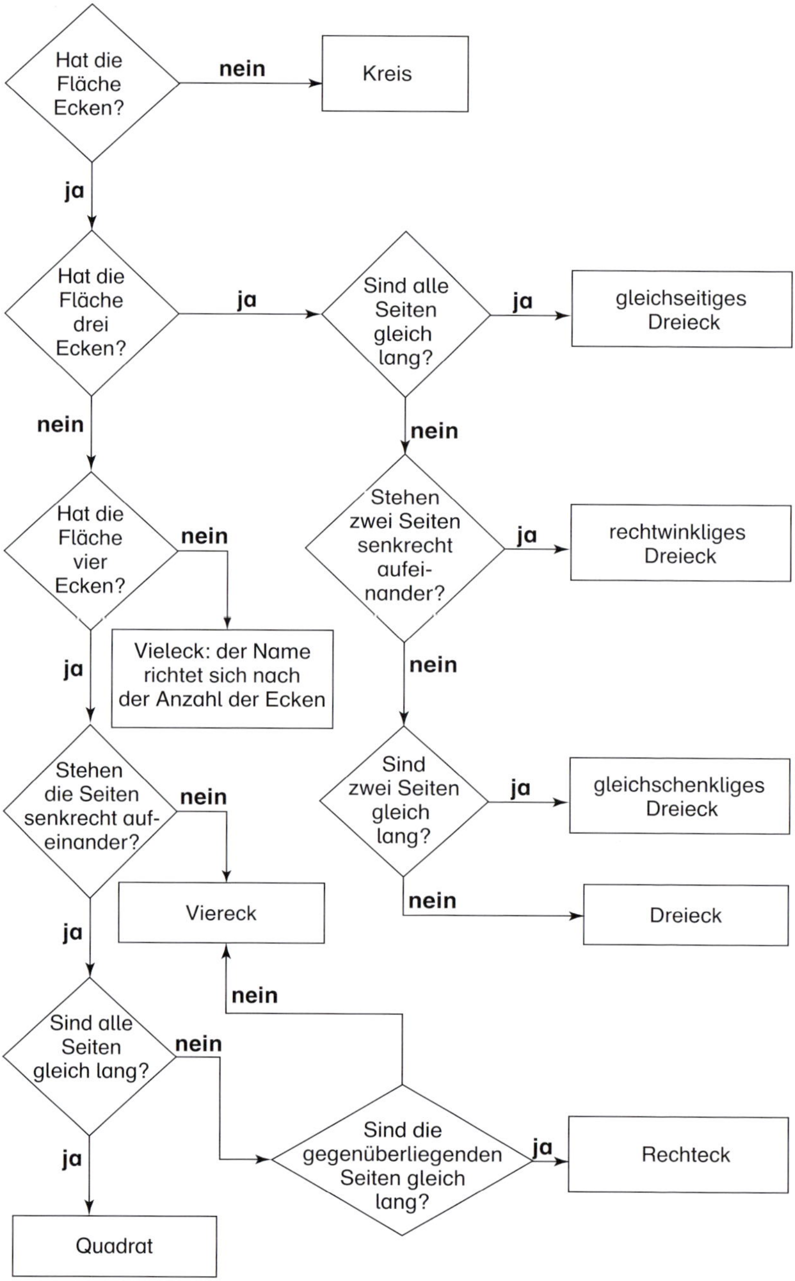

Geometrische Körper erkennen

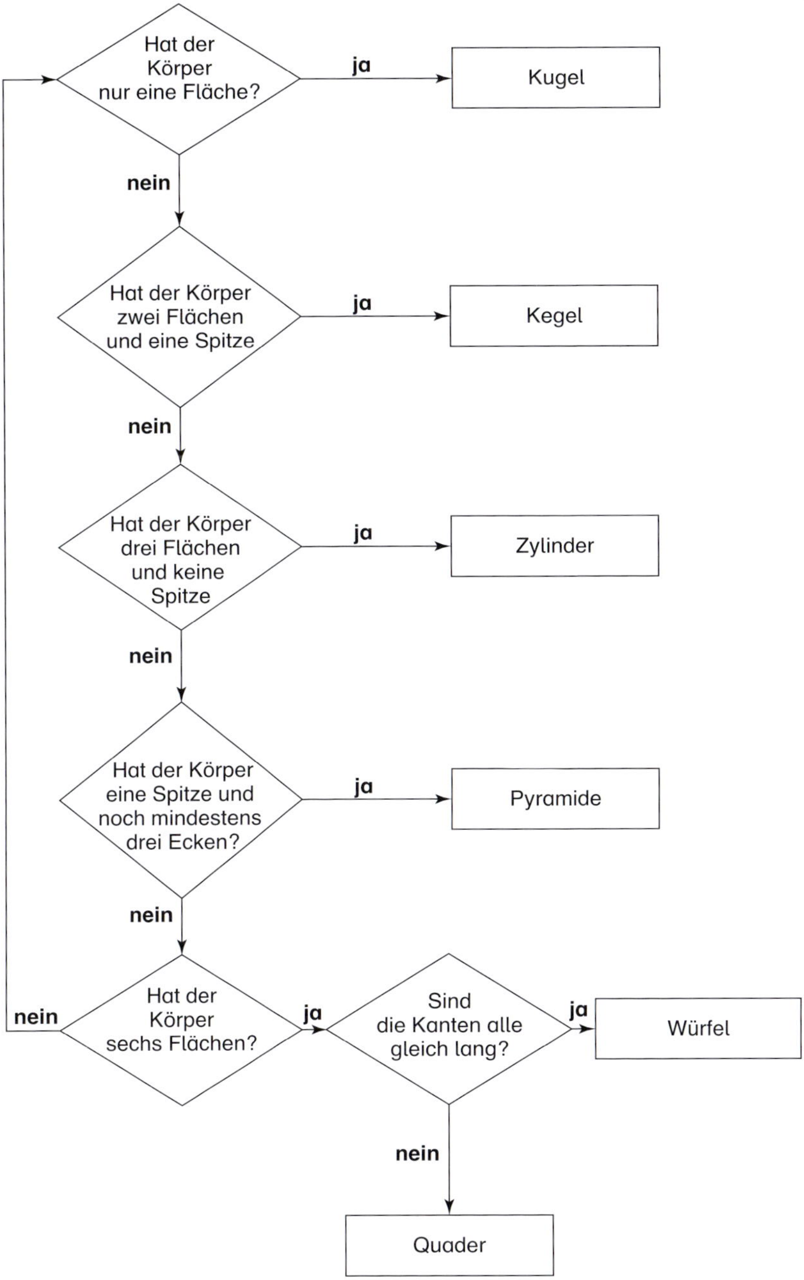

Hinweise für Eltern

Lernmotivation

Emotionen beeinflussen das Lernen.

Angst, Müdigkeit, Erschöpfung, Misserfolge oder Überforderung hemmen das Lernen. Deshalb ist es wichtig, dass Ihr Kind in einer angstfreien Umgebung lernen kann. Bei Fehlern und Misserfolgserlebnissen brauchen Kinder eine liebevolle und verständnisvolle Zuwendung, um zuversichtlich weiterzuarbeiten. Jeder Fehler ist auch eine Chance, etwas dazuzulernen.

Es ist wichtig, dass Ihr Kind entspannt arbeiten kann. Dazu braucht es neben Erfolgserlebnissen auch ausreichend Schlaf und Pausen.
Nicht nur Strafen, sondern auch ungeschickte spontane Äußerungen können das Selbstwertgefühl Ihres Kindes schwächen und zu Lernblockaden führen.

Konflikte in der Schule mit Lehrerinnen und Lehrern, Mitschülerinnen und Mitschülern können belasten und sich negativ auf die Lernhaltung auswirken. Ihr Kind braucht in dieser Situation Verständnis und Unterstützung sowie eine objektive und sachliche Beratung. Eine positive Grundhaltung gegenüber Schule, Lehrerinnen, Lehrern und Unterrichtsfächern ist eine gute Voraussetzung für erfolgreiches Lernen.

Ein positives Selbstbild fördert das Lernen.

Lob, Ermutigung, Anerkennung und Wertschätzung fördern das Selbstbewusstsein aller Kinder. Deshalb ist es wichtig, dass auch Ihr Kind den Blick auf seine Stärken erfährt.
Jeder hat einen Bereich, in dem er mit Freude arbeitet und erfolgreich ist. Dieser Bereich kann auch außerschulisch sein, z. B. beim Sport. Durch Anerkennung erfährt Ihr Kind, dass es etwas kann, und überträgt diese Erfahrung auf andere Bereiche. So wird sein positives Selbstbild gefördert und es traut sich auch an weitere Lernaufgaben.

Mit Belohnungen in Form von konkreten Zuwendungen sollte dagegen eher vorsichtig umgegangen werden. Diese Art der Anerkennung ist nur eine kurzfristige Motivation, die nicht zu einer langfristigen positiven Selbsteinschätzung führt.

Das richtige Maß an Anforderungen ermöglicht Lernerfolge, die sowohl bei Über- als auch bei Unterforderung in geringerem Maße eintreten werden.

Bei der notwendigen Anerkennung der Stärken Ihres Kindes dürfen jedoch auch seine Schwächen nicht übersehen werden. Sie gehören ebenfalls zu einer realistischen Selbsteinschätzung. Erst wenn sie angenommen werden, können auch notwendige Fördermaßnahmen angebahnt werden.

Lernorganisation

Eine gute Lernumgebung und Zeitplanung unterstützen das Lernen.

Ein fester Arbeitsplatz, regelmäßige Arbeitszeiten und ein strukturierter Alltag sind gute Voraussetzungen, um konzentriert arbeiten zu können. Deshalb ist es wichtig, dass Sie gemeinsam mit Ihrem Kind die Lernumgebung gestalten. Dazu gehört ein fester Arbeitsplatz, an dem Ihr Kind in Ruhe, mit genügend Licht und Platz für seine Lernmaterialien ohne Ablenkung lernen kann.

Die Lernzeit sollte gemeinsam vereinbart und begrenzt werden, da es sicher noch weitere Aktivitäten gibt und Ihr Kind nicht überfordert werden soll. Ein Ausgleich zum Lernen, z. B. Bewegung und soziale Kontakte mit Freunden, ist wichtig.
Reicht die vereinbarte Lernzeit für Ihr Kind nicht aus, denken Sie über die Ursachen nach. Arbeitet Ihr Kind wirklich konzentriert, gibt es Ablenkungsquellen oder hat es sich zu viel vorgenommen? Kleinere Lerneinheiten mit Pausen sind effektiver.
Wenn Ihr Kind gerne mit anderen Kindern zusammen lernt, richten Sie auch gemeinsame Lernzeiten ein.
Planen Sie auch längerfristig, besonders zur Vorbereitung einer Klassenarbeit. Regelmäßige kleine Wiederholungseinheiten tragen dazu bei, dass der Lernstoff auch anhaltend gespeichert wird.

Wenn Sie mit Ihrem Kind klare – möglichst ritualisierte – Strukturen vereinbaren, entlasten Sie sich und müssen es nicht täglich von Neuem zum Lernen auffordern.

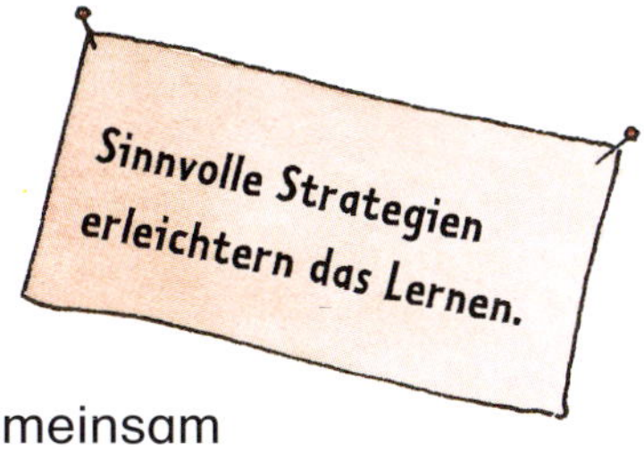

Da sich Wissen heute ständig verändert und ein lebenslanges Lernen vorausgesetzt wird, braucht Ihr Kind Grundkompetenzen und Strategien für das Lernen. Sie können Ihr Kind darin unterstützen, indem Sie sich gemeinsam mit dem „Lernenlernen“ beschäftigen. Anregungen finden Sie und Ihr Kind auf den Seiten 12 bis 21. So kann Ihr Kind zunehmend selbstständig arbeiten und auch selbstbewusst und angstfrei an seine Lernaufgaben gehen.

Nachschlagen und Recherchieren sind wichtige Grundqualifikationen. Das Duden Grundschul-Lexikon sollte an keinem Arbeitsplatz fehlen, damit Ihr Kind den selbstverständlichen Umgang mit Nachschlagewerken trainiert und sie als Hilfsmittel benutzen kann. Auch Lexika, Atlanten und das Internet sollten im Laufe der Grundschulzeit immer häufiger als Informationsquellen zur Verfügung stehen.

Lernprobleme

> Lernerfolg und Lernlust durch die richtige Wahl der Schule.

Kinder lernen am liebsten das, was ihnen leicht fällt. Achten Sie deshalb darauf, dass Ihr Kind sich auch den Aufgaben zuwendet, die ihm Mühe bereiten. Damit es nicht zu größeren Lernproblemen kommt, erklären Sie Ihrem Kind, dass die Anstrengung sich lohnt.

Denken Sie daran, dass nicht jeder Fehler auf größere Schwierigkeiten hindeutet, sondern nur zeigt, woran Ihr Kind noch arbeiten sollte. Wenn Sie jedoch anhaltende Lernprobleme beobachten, ist es notwendig, nach den Ursachen zu suchen. Nehmen Sie rechtzeitig Kontakt mit der Lehrerin oder dem Lehrer auf und bitten Sie um Einschätzung und Unterstützung. Überlegen Sie gemeinsam gezielte schulische und häusliche Fördermöglichkeiten, da Frustrationen durch quälendes Üben auf Dauer sehr belastend für Ihr Kind sein können. Es kann daraus eine generelle Lernunlust entstehen.

Haben Kinder bei durchschnittlicher Intelligenz auffallend ausgeprägte Lernprobleme, könnte es sich auch um eine Lese-Rechtschreib-Schwäche oder um eine Rechenschwäche handeln.

Lese-Rechtschreib-Schwäche (Legasthenie): Stockendes Lesen, das Auslassen, Vertauschen oder Hinzufügen einzelner Buchstaben, Silben oder Wörter sind typische Probleme, die Kinder mit dieser Teilleistungsstörung beim Lesen und beim Schreiben haben. Auch beim Abschreiben können viele Fehler beobachtet werden.

Als Folge der Lese-Rechtschreib-Schwierigkeiten kann es auch in anderen Fächern zu Lernproblemen kommen, da die Wissensaufnahme nur eingeschränkt möglich ist.

Rechenschwäche (Dyskalkulie): Dies ist eine Teilleistungsstörung im Umgang mit Zahlen. Bei dem rechenschwachen Kind ist das zugrunde liegende Mengen- und Zahlenverständnis unzureichend entwickelt und es geht mit Größen um, die es nicht begreift.
Die Ursachen für eine Dyskalkulie können vielfältig sein. Rechenschwache Kinder haben jedoch häufig gravierende Wahrnehmungsstörungen.
Wenn Ihr Kind nur Probleme mit Textaufgaben hat, könnte das auch auf eine Lese-Rechtschreib-Schwäche hinweisen.

Bei beiden Lernstörungen ist es wichtig, speziell ausgebildete Lehrer oder Schulpsychologen um Rat zu fragen, die die Schwierigkeiten genauer diagnostizieren können. Eine frühzeitige gezielte Förderung an der Schule oder eine geeignete Therapie durch anerkannte Institute können langfristig zu Erfolgserlebnissen führen.
Ihr Verständnis und die geduldige Mithilfe von Ihrer Seite werden dabei für Ihr Kind eine wichtige Stütze sein.

ADS und Hyperaktivität: Lernprobleme können auch durch ADS (Aufmerksamkeitsdefizit-Syndrom) hervorgerufen werden. ADS-Kinder fallen vor allem durch Unruhe (Hyperaktivität) und Unkonzentriertheit auf. Sie sind leicht ablenkbar, haben wenig Ausdauer, zeigen häufig Gefühlsschwankungen und handeln impulsiv und planlos. Ihr Kind braucht auch hier neben einer professionellen Förderung familiäre Hilfestellung, Unterstützung und Ermutigung.

Der Übergang in eine weiterführende Schule

> Lernerfolg und Lernlust durch die richtige Wahl der Schule.

Kinder sind unterschiedlich begabt und motiviert. Daher ist es wichtig, dass am Ende der Grundschulzeit für jedes Kind die passende Schule gefunden wird.

Sowohl Über- als auch Unterforderung sind dabei zu vermeiden. Wenn Eltern zu hohe Erwartungen an ihr Kind haben, können die Folgen Angst und ein geringes Selbstwertgefühl sein. Ebenso können unterforderte Kinder die Lust am Lernen verlieren und zeigen dann weniger Bereitschaft, Leistungen zu erbringen. Die Konsequenz kann sein, dass ihre Mitarbeit am Unterricht leidet. Nicht selten werden diese Kinder zu Störern.

Eine möglichst objektive Sicht auf Ihr Kind sollte bei der Wahl der weiterführenden Schule die zentrale Rolle spielen. Ihre eigenen Wünsche und Vorstellungen sollten nicht ausschlaggebend sein.
Machen Sie sich die speziellen Begabungen Ihres Kindes bewusst. Liegen diese eher im musischen, im mathematisch-naturwissenschaftlichen, im sprachlichen oder im sportlichen Bereich? Suchen Sie aus dem Angebot der Schulen diejenige heraus, die diese Bereiche in ihrem Schulprofil speziell berücksichtigt.
Wichtige Entscheidungskriterien sind auch Arbeitsverhalten, Durchhaltevermögen und Anstrengungsbereitschaft.
Eine falsche Schulwahl führt nicht nur bei Ihrem Kind zu Frustrationserlebnissen, sondern wirkt sich auch auf die ganze familiäre Situation aus.

Hinweise für Eltern

Während der Grundschulzeit konnten Sie Ihr Kind beobachten. Um sich die Entscheidung für eine passende Schule zu erleichtern, können Sie anhand folgender Fragestellungen eine erste Einschätzung vornehmen.

Wie stabil waren die **Schulleistungen** meines Kindes?
- Gab es in den einzelnen Schulfächern unterschiedliche Leistungen?
- Zeigt mein Kind besondere Begabungen oder hat es besondere Schwächen?

Wie schätze ich das **Arbeitsverhalten** meines Kindes ein?
- Kann es auch über einen längeren Zeitraum selbstständig arbeiten?
- Ist mein Kind interessiert an neuen Lerninhalten?
- Zeigt es auch bei höheren Anforderungen Anstrengungsbereitschaft oder gibt es schnell auf?

Da die Lehrerinnen und Lehrer das Lern-, Arbeits- und Sozialverhalten Ihres Kindes im schulischen Alltag am besten kennen, sollte ihre Empfehlung Grundlage Ihrer Entscheidung sein.

Neben dem Schulprofil und den besonderen Angeboten der Schule spielen auch organisatorische Gesichtspunkte eine Rolle:
Ist die Schule für Ihr Kind gut erreichbar?
Soll es auch am Nachmittag betreut werden?
Ist die Ausstattung der Schule so, dass Ihr Kind dort optimal lernen, sich aufhalten und sich wohl fühlen kann?

Hinweise für Eltern

Hinweise zum Fach Mathematik

Bereits vor der Schule erwerben Kinder vielfältige Erfahrungen im Bereich der Mathematik. Sie lernen sich im Raum, der sie umgibt, zu orientieren. Sie begegnen Zahlen und Sachsituationen, die sie intuitiv für sich klären, ohne dass sie diese Erfahrungen bewusst mit mathematischen Inhalten verknüpfen.

Im Laufe der vierjährigen Grundschule werden diese Vorkenntnisse erweitert, systematisiert und automatisiert. Auf dieses mathematische Grundwissen greifen Schüler während ihrer Schulzeit immer wieder zurück, um daraus neue mathematische Lerninhalte abzuleiten und um darauf aufzubauen.

Zu dem Grundwissen gehört ein solides Zahlenverständnis, das Beherrschen der vier Grundrechenarten, eine Vorstellung vom Messen und von Größen, das Lesen und Verstehen sachbezogener Darstellungsformen wie Texte, Tabellen und Schaubilder, eine Orientierung in Raum und Ebene sowie die Handhabung einfacher Zeichengeräte.

Obwohl zur Mathematik mehr gehört als nur sichere Kenntnisse und Fertigkeiten in diesen Bereichen, sind sie trotzdem eine wichtige Grundlage dafür, dass Kinder sich gerne mit mathematischen Problemen auseinander setzen, eigene Lösungsstrategien entwickeln und sich aktiv-entdeckend mit mathematischen Inhalten beschäftigen.

Einheiten des Geldes

Euro	€	1 € = 100 ct
Cent	ct	

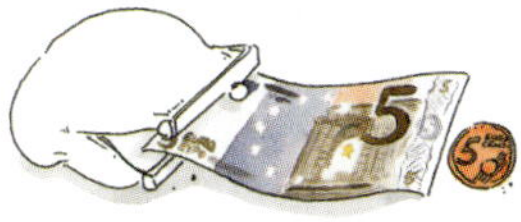

Einheiten der Länge

Kilometer	km	1 km = 1000 m
Meter	m	1 m = 10 dm
Dezimeter	dm	1 dm = 10 cm
Zentimeter	cm	1 cm = 10 mm
Millimeter	mm	

Einheiten des Gewichtes (der Masse)

Tonne	t	1 t = 1000 kg
Kilogramm	kg	1 kg = 1000 g
Gramm	g	

Einheiten der Hohlmaße (des Rauminhaltes)

Liter	l	1 l = 1000 ml
Milliliter	ml	

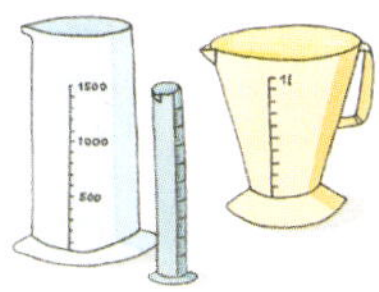

Einheiten der Zeit

Jahr	1 Jahr = 12 Monate	365 oder 366 Tage
Monat	1 Monat ≈ 4 Wochen	28, 29, 30 oder 31 Tage
Woche	1 Woche = 7 Tage	
Tag	1 Tag = 24 h	
Stunde	h	1 h = 60 min
Minute	min	1 min = 60 s
Sekunde	s	

Fachbegriffe

Linien

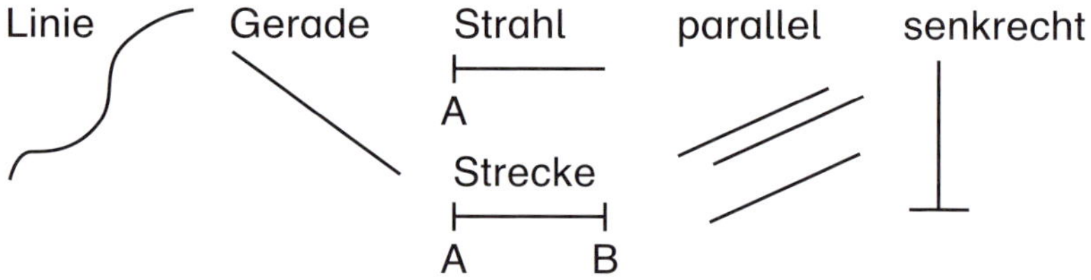

Flächen

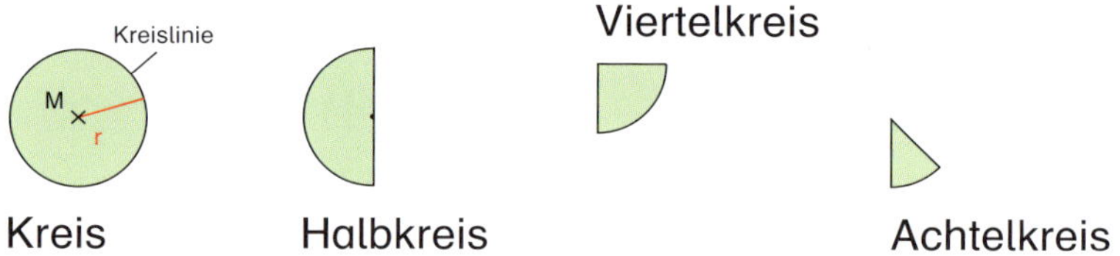

Vierecke

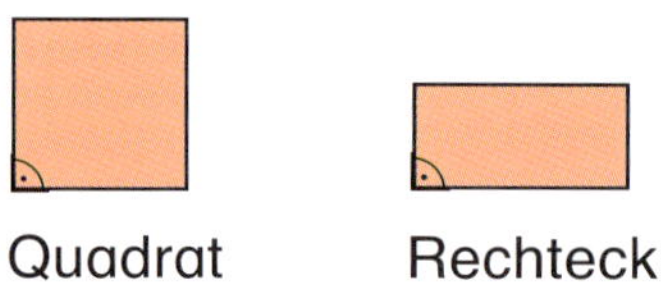

Vielecke

Dreiecke

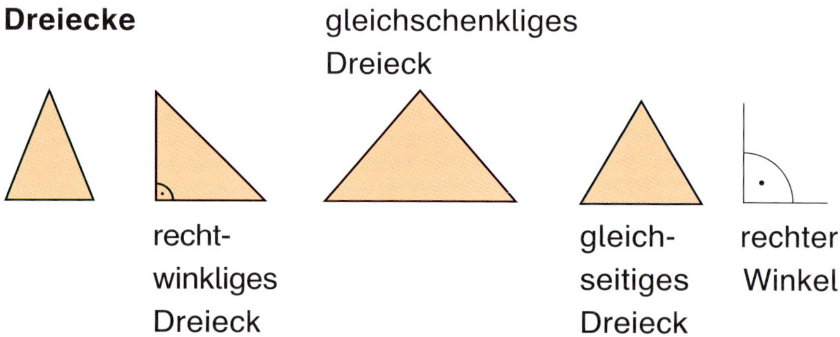

Körper

Würfel

Würfelnetz

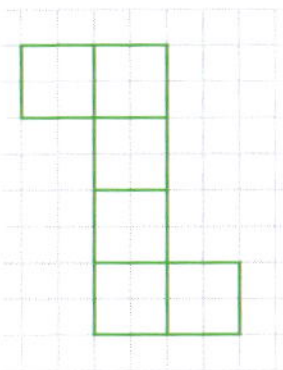

Zylinder

Zylindernetz

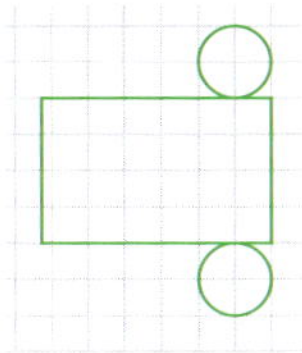

Quader

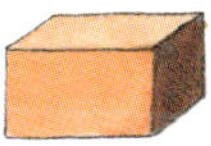

Quadernetz

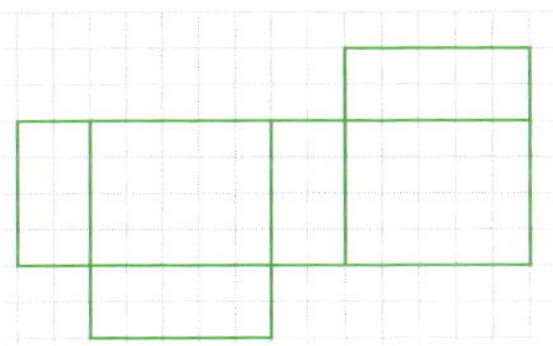

Kegel

Kegelnetz

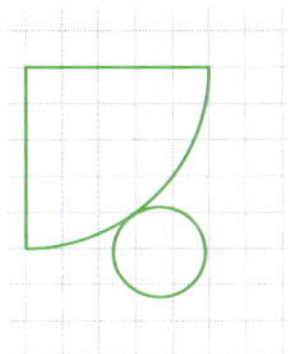

Pyramide

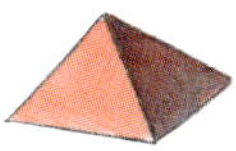

Pyramiden-
netz

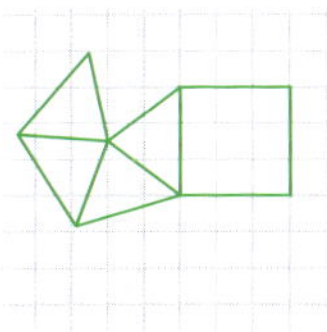

Kugel

Zeichen

Relationszeichen

< ist kleiner als **>** ist größer als **=** ist gleich

Rundungszeichen

≈ ist gerundet; ist ungefähr

Register

G

H

I

J

K

Quellenverzeichnis

S. 13, 177: Coverabbildungen: Duden Grundschul-Lexikon, Bibliographisches Institut GmbH, Berlin.

S. 114–116: Münzen und Geldscheine: MEV Verlag, Augsburg.

Nachschlagen, klicken, üben – verstehen!

Ob zum gezielten Nachschlagen und Wiederholen für Klassenarbeiten, zur Unterstützung bei den Hausaufgaben oder zur Vorbereitung des Übergangs in die weiterführende Schule – wir bieten alle Unterrichtsinhalte der Grundschule in einem Band, inklusive CD-ROM mit zahlreichen Arbeitsblättern und Lösungskontrolle zum selbstständigen Üben.

Basiswissen Grundschule Deutsch

Für die 1. bis 4. Klasse

Grammatik und sicheres sprachliches Ausdrucksvermögen, Rechtschreibung, Schreiben und Bearbeiten von Texten, verstehendes Lesen und Umgang mit Texten

ISBN 978-3-411-72073-6

Basiswissen Grundschule Mathematik

Für die 1. bis 4. Klasse

Mengen und Zahlen, Grundrechenarten, Größen und Sachrechnen, Geometrie

ISBN 978-3-411-72063-7

Basiswissen Grundschule Englisch

Für die 1. bis 4. Klasse

Lern- und Arbeitstechniken, Grammatik und Redemittel, Thematischer Wortschatz

ISBN 978-3-411-73033-9

Arbeiten mit der CD-ROM – so gehts ...

Auf der **Startseite** werden alle Inhalte der CD-ROM vorgestellt.

Hier können die **100 Arbeitsblätter** nach unterschiedlichen Suchkriterien aufgerufen werden.

Nach dem Klicken auf **„Lösungen"** werden alle Lösungsblätter angezeigt.

Tests zur Wissensüberprüfung am Ende der 2. und der 4. Klasse

Hier gibt es viele zusätzliche **Arbeitsmaterialien** zum Ausdrucken.

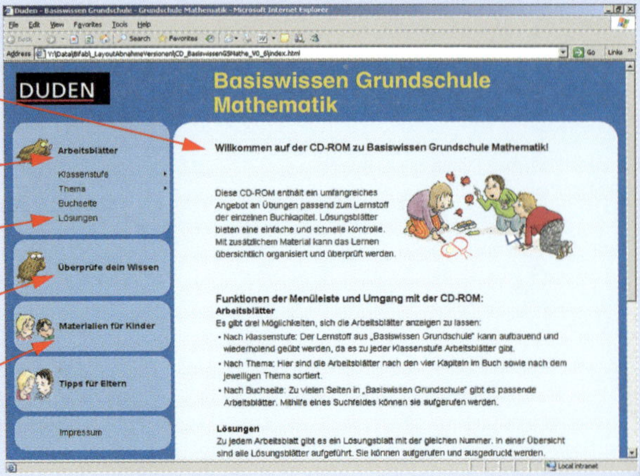

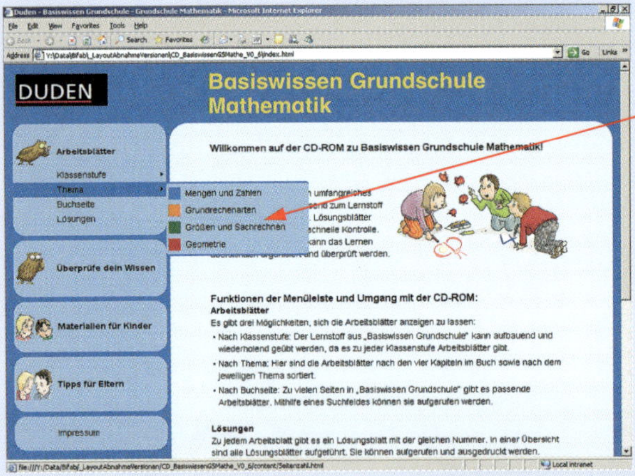

Nach dem Klicken auf **„Thema"** kann das Themengebiet ausgewählt werden, zu dem Arbeitsblätter gesucht werden.

Alternativ kann man nach Arbeitsblättern zu einer bestimmten **Klassenstufe** suchen oder sich die Arbeitsblätter anzeigen lassen, die zu einer speziellen **Buchseite** gehören.

Nach Anklicken eines Themenbereichs werden im Fenster alle **Arbeitsblätter zu diesem Thema** mit Angabe der Klassenstufe angezeigt. Mit einem Klick öffnet sich das gewünschte Arbeitsblatt und kann ausgedruckt werden.

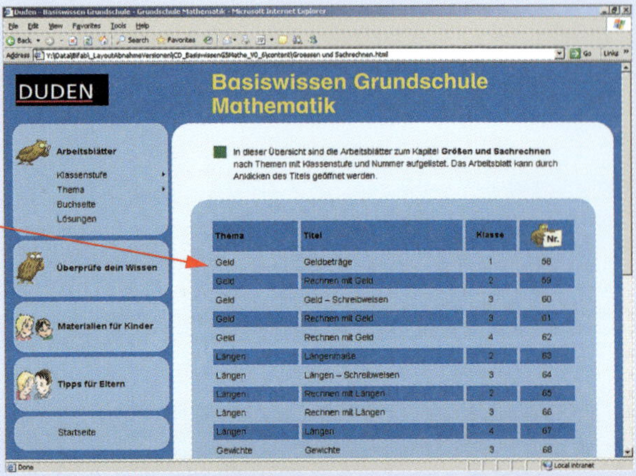